没有不好看的颜色
只有不好看的搭配

网页设计配色
从入门到精通

瞿颖健　主编

化学工业出版社
·北京·

图书在版编目（CIP）数据

网页设计配色从入门到精通／瞿颖健主编．—北京：化学工业出版社，2018．1
ISBN 978-7-122-30364-6

Ⅰ．①网… Ⅱ．①瞿… Ⅲ．①网页制作工具 Ⅳ．①TP393．092．2

中国版本图书馆CIP数据核字（2017）第188932号

责任编辑：王　烨　　　　装帧设计：刘丽华
责任校对：王素芹

出版发行：化学工业出版社（北京市东城区青年湖南街13号　邮政编码100011）
印　　装：涿州市般润文化传播有限公司
787mm×1092mm　1/16　印张12¾　字数267千字　2018年1月北京第1版第1次印刷

购书咨询：010-64518888　　售后服务：010-64518899
网　　址：http://www.cip.com.cn
凡购买本书，如有缺损质量问题，本社销售中心负责调换。

定　　价：88.00元

前言

网页设计是一项根据企业希望向大众传递的信息（包括产品内容、服务、理念、企业文化），进行网站功能策划，然后进行页面设计美化的工作。作为企业对外宣传资料的其中一种，优秀的网页设计，对于提升企业的互联网品牌形象至关重要。

本书按照配色设计的各大模块分为9章，分别为色彩达人必学知识、网页设计的基础知识、了解基础色、网页布局技巧与色彩、网页色彩的视觉印象、不同类型的网页色彩搭配、不同行业的网页色彩搭配、不同风格的网页设计、综合网页配色。

在每一章都安排了大量的案例和作品赏析，所有案例都配有设计分析，在读者学习理论的同时，可以欣赏到优秀的作品，因此不会感觉枯燥。本书在最后一章对4个大型案例进行了作品的项目分析、案例分析、配色方案的讲解，给读者一个完整的设计思路。通过对本书的学习，可以帮助读者在色彩搭配、理论依据、网页设计理念这三方面都有非常大的提升，可以轻松应对工作。

编者在编写过程中以配色原理为出发点，将“理论知识结合实践操作”、“经典设计结合思维延伸”贯穿其中，愿作读者学习和提升道路上的“引路石”。

本书由瞿颖健主编。曹茂鹏、曹爱德、曹明、曹诗雅、曹玮、曹元钢、曹子龙、崔英迪、丁仁雯、董辅川、高歌、韩雷、鞠闯、李进、李路、马啸、马扬、瞿吉业、瞿学严、瞿玉珍、孙丹、孙芳、孙雅娜、王萍、王铁成、杨建超、杨力、杨宗香、于燕香、张建霞、张玉华等同志参加编写和整理。

由于水平所限，书中难免有疏漏之处，希望广大专家、读者批评斧正！

编者

目录

第1章 色彩达人必学知识

Part One

Se Cai Da Ren Bi Xue Zhi Shi

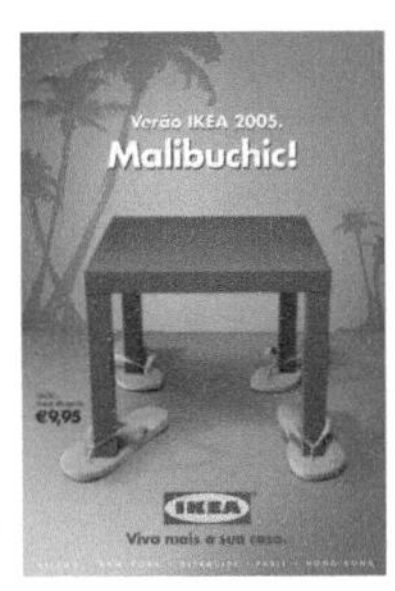

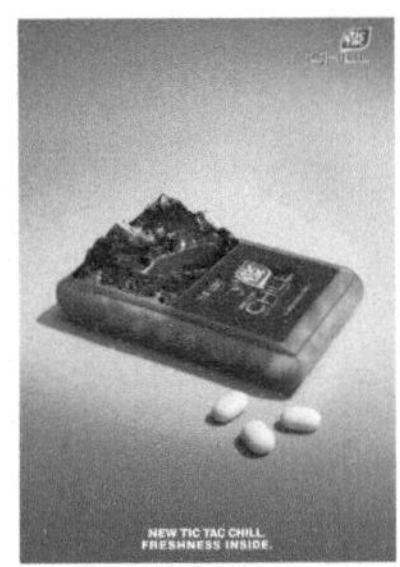

1.1 认识色彩

1.1.1 色彩是什么

提到色彩，自然都不会觉得陌生。睁开眼睛看到的就是五颜六色的世界，蓝色的天空、绿色的草地、黄色的落叶、红色的花朵。色彩给人们带来的是直观的视觉感受，然而，你知道色彩究竟是什么吗?

色彩其实是通过眼、大脑和我们的生活经验所产生的一种对光的视觉效应。为什么这么说呢? 因为一个物体的光谱决定了这个物体的颜色，而人类对物体颜色的感觉不仅仅由光的物理性质所决定，也会受到周围颜色的影响。所以，色彩感觉不仅与物体本来的颜色特性有关，而且还与所处的时间、空间、外表状态以及该物体的周围环境有关，甚至还会受到个人的经历、记忆力、看法和视觉灵敏度等各种因素的影响。例如随着光照和周围环境的变化，我们视觉所看到的色彩也发生了变化。

1.1.2 色彩能够做什么

说到色彩的作用，很多人可能就会说：色彩嘛，就是用来装饰物体的。其实色彩的作用不仅如此呢！很多时候色彩的运用直接会影响到信息的判断，如主题是否鲜明、思想能否正确传达、画面是否有感染力等问题。

（1）识别判断 色彩给人类带来的影响是非常大的，不仅会留下印象，还会影响人们的判断力。例如看到棕色和肉色，则会联想到人体的皮肤。

 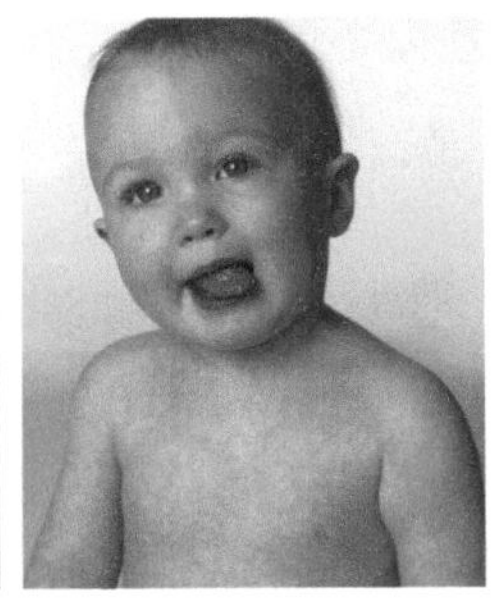

看到红色的苹果会觉得它是成熟的、甜的，而绿色的苹果则会觉得它是生的、涩的。

（2）衬托对比 在画面中使用互补色的对比效果，可以使前景物体与背景相互对比，将前景物体衬托得更加突出。例如，画面的主体为西红柿，背景同样为红色调时西红柿并不突出，而当背景变为互补色绿色时，西红柿会显得格外鲜明。

（3）渲染气氛 提起黑色、深红、墨绿、暗蓝、苍白等颜色，你会想到什么，是午夜噩梦中的场景，还是恐怖电影的惯用画面，或是哥特风格的阴暗森林？想到这些颜色构成的画面会让人不寒而栗。的确，很多时候人们对于色彩的感知远远超过于事物的具体形态，因此为了营造某种氛围就需要从色彩上下功夫。例如在画面中大量使用青、蓝、绿等冷色时，能够表现出阴沉、寂静的氛围。使用黄、橙、红等暖调颜色时，更适合表现欢快、美好的氛围。

（4）修饰装扮 在画面中添加适当的搭配颜色，可以起到修饰和装扮的作用，从而使单调的画面变得更加丰富。例如在无彩色的画面中添加一种颜色进行调和，使画面颜色变得富有变化，使视觉重心更加突出。

1.1.3 色彩的属性

就像人类有性别、年龄、人种等可判别个体的属性一样，色彩也具有其独特的三大属性：色相、明度、纯度。任何色彩都有色相、明度、纯度三个方面的性质，这三种属性是界定色彩感官识别的基础。灵活地应用三属性变化也是色彩设计的基础，通过色彩的色相、明度、纯度的共同作用才能更加合理地达到某些目的或效果作用。“有彩色”具有色相、明度和纯度三个属性，“无彩色”只拥有明度。

（1）色相 色相就是色彩的“相貌”，色相与色彩的明暗无关，是区别色彩的名称或种类。色相是根据该颜色光波长短划分的，只要色彩的波长相同，色相就相同，波长不同才产生色相的差别。例如明度不同的颜色但是波长处于610~780nm范围内，那么这些颜色的色相都是红色。

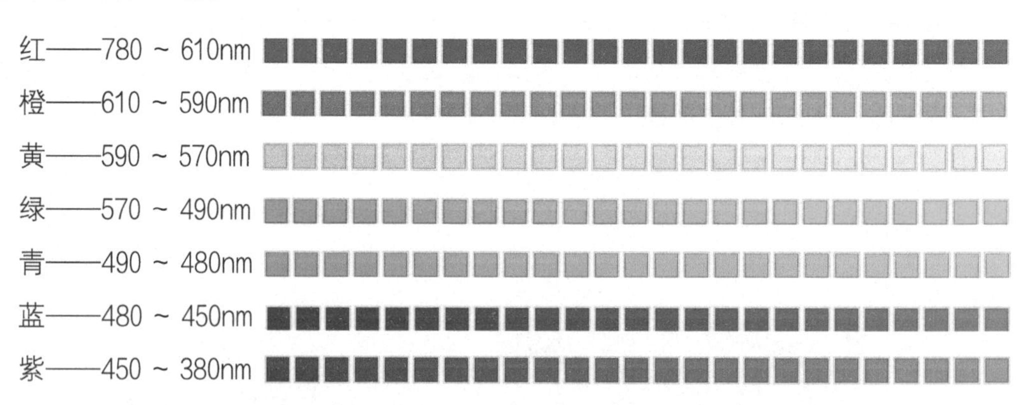

说到色相就不得不了解一下什么是“三原色”、“二次色”以及“三次色”。三原色是由三种基本原色构成，原色是指不能通过其他颜色的混合调配而得出的“基本色”。二次色即“间色”，是由两种原色混合调配而得出的。三次色即是由原色和二次色混合而成的颜色。

原　色：
红　蓝　黄

二次色：
橙　绿　紫

三次色：
红橙　黄橙　黄绿　蓝绿　蓝紫　红紫

“红、橙、黄、绿、蓝、紫”是日常中最常听到的基本色，在各色中间加插一个中间色，加上其头尾色相，即可制出十二基本色相。

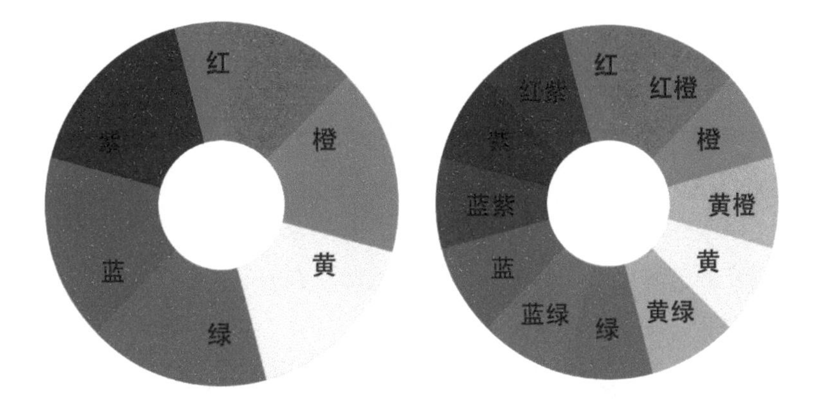

在色相环中，穿过中心点对角线位置的两种颜色是互补色，即角度为 180° 的时候。因为这两种色彩的差异最大，所以当这两种颜色相互搭配并置时，两种色彩的特征会相互衬托得十分明显。补色搭配也是常见的配色方法。

红色与绿色互为补色。紫色和黄色互为补色。

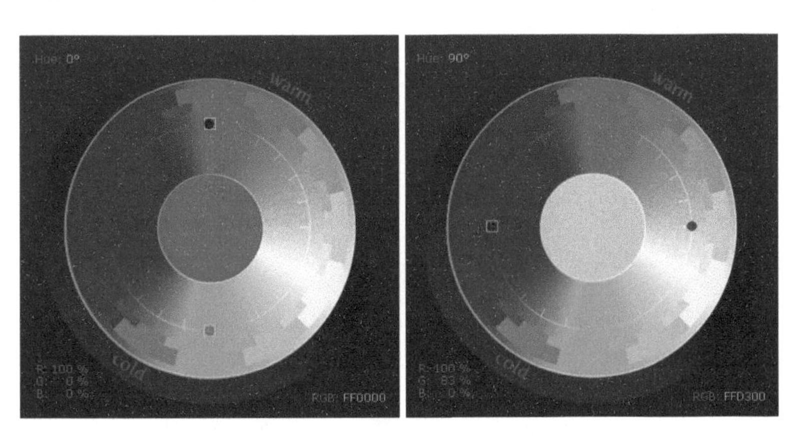

（2）明度　明度是眼睛对光源和物体表面明暗程度的感觉，主要是由光线强弱决定的一种视觉经验。明度也可以简单地理解为颜色的亮度。明度越高，色彩越白越亮，反之则越暗。

高明度　　　　　中明度　　　　　低明度

色彩的明暗程度有两种情况，即同一颜色的明度变化和不同颜色的明度变化。不同的色彩也都存在明暗变化，其中黄色明度最高，紫色明度最低，红、绿、蓝、橙色的明度相近，为中间明度。同一色相的明度深浅变化效果如下图所示。

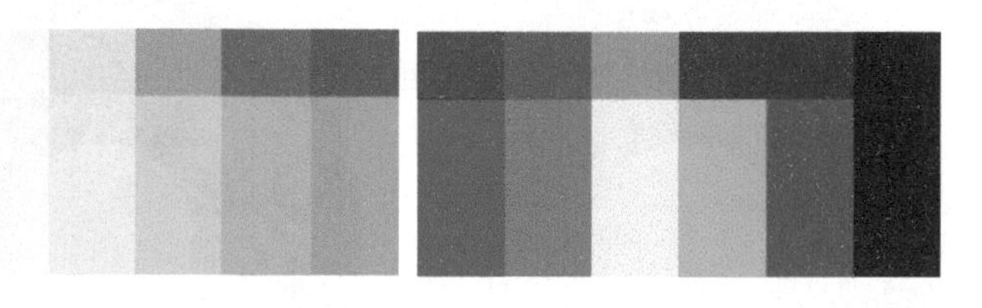

使用不同明度的色块可以帮助表达画面的感情。在不同色相中的不同明度效果，以及在同一色相中的明度深浅变化效果如下图所示。

（3）纯度　纯度是指色彩的纯净程度，也就是色彩的饱和度。物体的饱和度取决于该物体表面选择性的反射能力。在同一色相中添加白色、黑色或灰色都会降低它的纯度。有彩色与无彩色的加法如下。

色彩的纯度也像明度一样有着丰富的层次，使得纯度的对比呈现出变化多样的效果。混入的黑、白、灰成分越多，则色彩的纯度越低。以红色为例，在加入白色、灰色和黑色后其纯度都会随着降低。

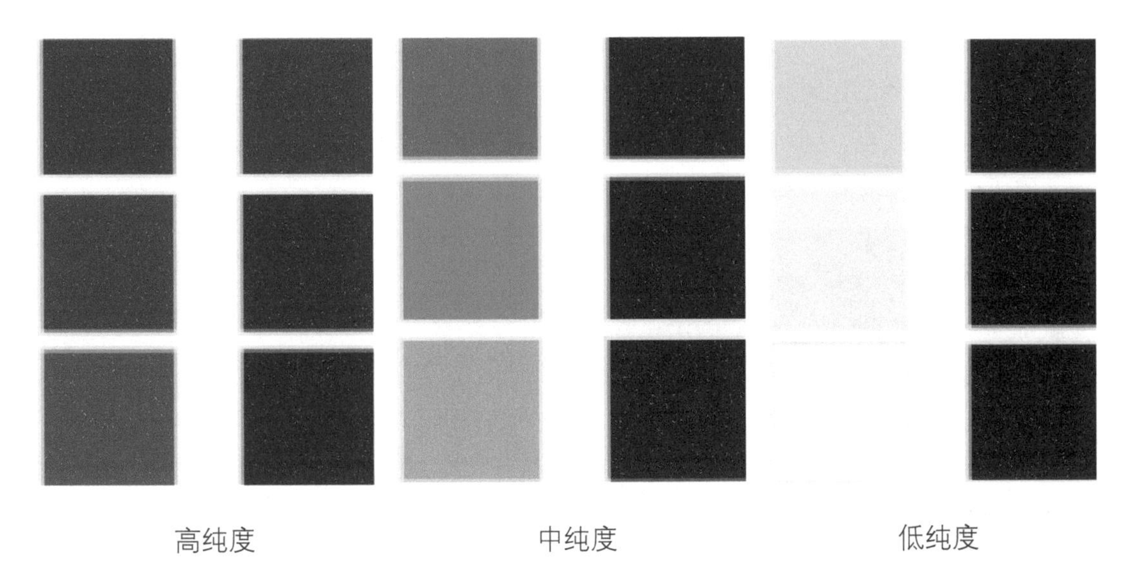

高纯度　　中纯度　　低纯度

在设计中可以通过控制色彩纯度的方式对画面进行调整。纯度越高，画面颜色效果越鲜艳、明亮，给人的视觉冲击力越强；反之，色彩的纯度越低，画面的灰暗程度就会增加，其所产生的效果就更加柔和、舒服。高纯度给人一种艳丽的感觉，而低纯度给人一种灰暗的感觉。

1.2 主色、辅助色、点缀色的关系

1.2.1 主色

主色是占据作品色彩面积最多的颜色。主色决定了整个作品的基调和色系。其他的色彩如辅助色和点缀色，都将围绕主色进行选择，只有辅助色和点缀色能够与主色协调时，作品整体看起来才会和谐和完整。

☑ 作品以紫色为主色调，通过不同明度的紫色为画面营造空间感。紫色的配色方案给人一种梦幻、神秘的感觉。

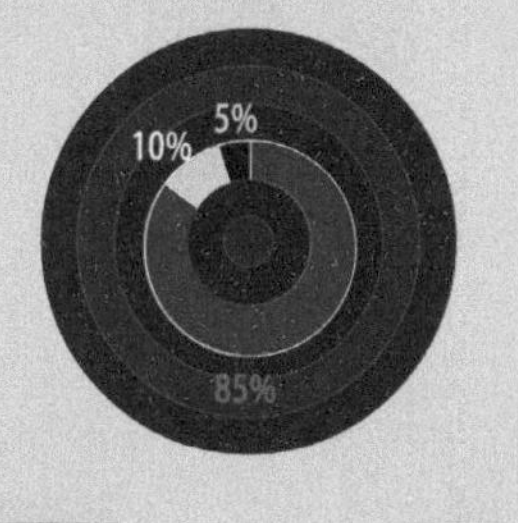

25,61,0,40　0,16,5,4　95,97,0,77

1.2.2 辅助色

辅助色是为了辅助和衬托主色而出现的，通常会占据作品的 1/3 左右。辅助色一般比主色略浅，否则会产生喧宾夺主和头重脚轻的感觉。

☑ 作品为中明度色彩基调，褐色调的配色方案给人以朴素、韵味的视觉感受。通过米色的茶篮进行辅助画面颜色，使画面色调统一且富有变化。

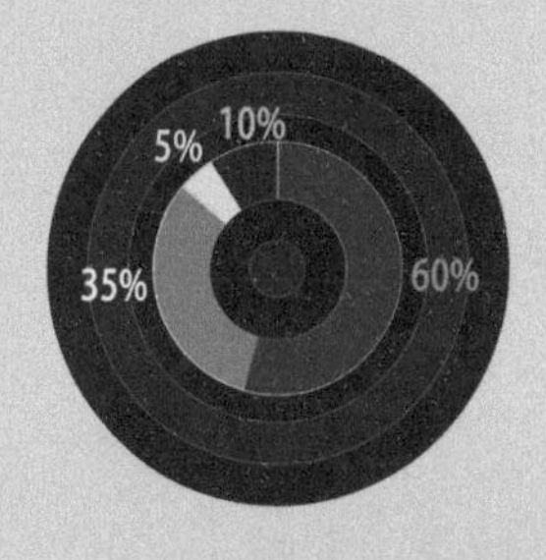

0,7,29,3　75,0,88,74　0,54,81,31　0,15,38,27

1.2.3 点缀色

点缀色是为了点缀主色和辅助色出现的，通常只占据作品很少的一部分。辅助色的面积虽然比较小，但是作用很大。良好的主色和辅助色的搭配，可以使作品的某一部分突出或使作品整体更加完美。

☑ 作品整体明度较高，利用白色的背景色将绿色调的主体突显出来。黄色作为点缀色，不仅点缀了整个版面的颜色，还活跃了画面的气氛。

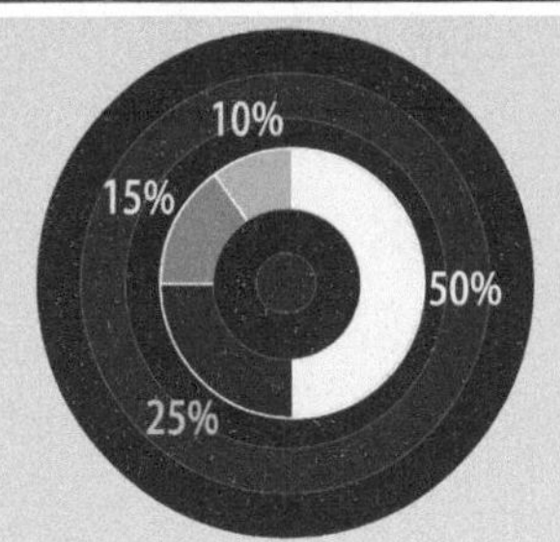

0,9,70,14	0,4,10,6
19,0,100,75	0,2,34,36

1.2.4 设计师谈——画龙点睛的点缀色

主色调通常会影响整个画面的色彩倾向，点缀色则起到画龙点睛的作用。在网页配色中，点缀色通常和主色存在一种对比关系。例如一个网页整体色调比较暗，那么可以选择比较鲜艳的颜色作为点缀色，这样可调节整个画面的气氛，让整体效果不那么呆板、沉闷。点缀色在使用面积上一定要小于主色调，这样才能真正做到“画龙点睛”，否则会导致画面颜色过于混乱，失去重点。

在该网页中，以青色作为主色调，以黄色作为点缀色。黄色与青色为对比色的关系，这样的配色给人一种活泼、自信的感觉。

续表

该网页为单色调的配色，在背景色的衬托下，前景中的绿色格外鲜艳、明亮，能够将视线集中在画面的中心位置，为文字信息的传递，起到了决定性的作用。

1.2.5 动手练习——视觉中心的主色秘诀

主色调就好比乐曲中的主旋律，对网页起着主导作用。色彩会影响人的一些心理活动、让人产生联想，所以在网页主色调的选择上都有很强的针对性。

（1）根据网页主题选择主色调

一般情况下会基于色彩情感以及这种情感所使用的行业范围进行选色，是一种比较常用的选色方法。例如蓝色给人一种宁静、深邃、理性、凉爽的感觉，当制作冰箱、空调、科技等网页时，就会选择蓝色作为主色调。

在该作品中，饮料为葡萄口味，葡萄的代表色为紫色。选择紫色作为主色调，与商品的包装颜色相互呼应。而且看到紫色会联想到葡萄酸酸甜甜的口感，从而刺激购买欲望。

该网页以蓝色作为主色调，我们可以看到画面中的商品就是蓝色，这样能够产生共鸣。

（2）根据 LOGO 来选色

通常情况下 LOGO 的色彩即是此行业分类最典型的色彩。例如可口可乐的红色，是激情且能刺激食欲的颜色，那么选择红色作为网页的主色调，同样能够突出主题思想。

该网页的 LOGO 为黄色调，与该页面的色调相呼应，整个画面的色彩统一、和谐。

网页采用清色调的配色方案，整体给人一种清凉、冰爽的感觉。

♣ 1.3　色彩的对比

明度对比 \ 纯度对比 \ 色相对比 \ 面积对比 \ 冷暖对比

两种或两种以上的颜色放在一起，由于相互影响的作用，产生的差别现象称为色彩的对比。色彩的对比分为明度对比、纯度对比、色相对比、面积对比和冷暖对比。

✎ 明度对比：明度对比就是色彩明暗程度的对比。

✎ 纯度对比：纯度对比是指因为颜色纯度差异产生的颜色对比效果。

✎ 色相对比：色相对比是两种或两种以上色相之间的差别产生的对比。

✎ 面积对比：面积对比是在同一画面中因颜色所占的面积大小产生的色相、明度、纯度、冷暖产生的对比。

✎ 冷暖对比：由于色彩感觉的冷暖差别而形成的色彩对比称为冷暖对比。

☛ 美是春天阳光下那一片嫩绿的小树林，美是夏日窗前那一树悄然绽放的紫丁香，美是秋天里随风飞舞的黄叶，美是冬日落在手心里的那几朵洁白雪花……世界因为有了色彩而美丽，色彩因为有了对比而生动。☚

1.3.1 明度对比

明度对比就是色彩明暗程度的对比，也称为色彩的黑白对比。明度按序列可以分为三个阶段：低明度、中明度、高明度。在色彩中，柠檬黄的明度最高，蓝紫色的明度低，橙色和绿色属于中明度，红色与蓝色属于中低明度。

低明度

✤ 作品为黑色调网页设计，添加金色作为点缀色，这样的设计给人一种奢华的视觉感受。

中明度

✤ 作品中的灰色为典型的中明度色彩基调，这样的配色方案应用在网页设计中会给用户一种柔和、舒服的感觉。

高明度

✤ 作品以白色为底色，搭配高明度的蓝色，这样的配色方案给用户一种明快、清晰的视觉感受。

✤ 相同的灰色，在白色背景中，画面的整体明度最高。

✤ 在不同明度的背景下，黄色在白色背景下最醒目、耀眼，画面整体明度也最高。

1.3.2 纯度对比

纯度对比是指因为颜色纯度差异产生的颜色对比效果。纯度对比既可以体现在单一色相的对比中，也可以体现在不同色相的对比中。通常将纯度划分为三个阶段：高纯度、中纯度和低纯度。

高纯度

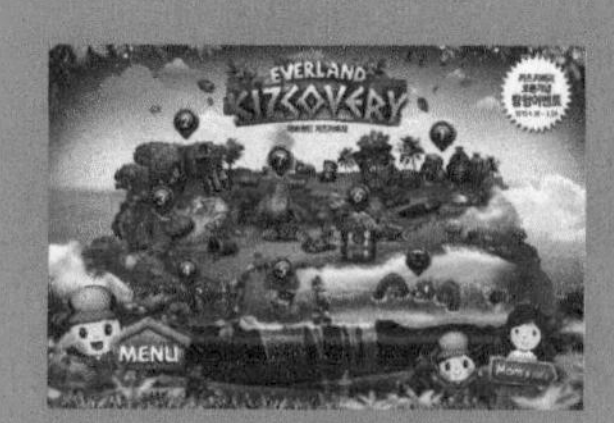

✤ 作品为高纯度色彩基调，鲜活的颜色与卡通的页面内容相呼应。

中纯度

✤ 作品为中明度、中纯度的色彩基调，利用颜色纯度的不断变化使页面变化丰富。

低纯度

✤ 低纯度的色彩基调给人一种柔和、放松的感觉。

✤ 相同的白色背景，前景中的蓝色颜色纯度不同，所产生的视觉效果也不同。

✤ 相同的黄色在不同纯度的橘色对比下，所产生的视觉效果是不同的。

1.3.3 色相对比

色相对比是两种或两种以上色相之间的差别。当画面主色确定之后，就必须考虑其他色彩与主色之间的关系。色相对比中通常有邻近色对比、类似色对比、对比色对比、互补色对比。

（1）邻近色对比 邻近色就是在色环中相邻近的两种颜色。在色彩搭配中邻近色的色相、色差的对比都是很小的，这样的配色方案对比弱、画面颜色单一，经常借助明度、纯度来弥补不足。

✎ **案例解析：**作品利用邻近色的配色方案进行网页的配色，绿色的背景与商品相呼应，这样的配色方案给人一种和谐、统一的视觉感受。

✌ **案例拓展：**

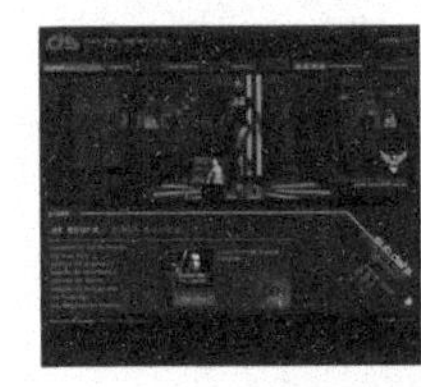

高明度邻近色对比

低明度邻近色对比

（2）类似色对比 在色环中相隔 30° ~60° 左右的色相对比为类似色，在配色时先将主色确定，然后使用小面积的类似色进行辅助。这样配色的特点主要是耐看、色调统一又变化丰富。

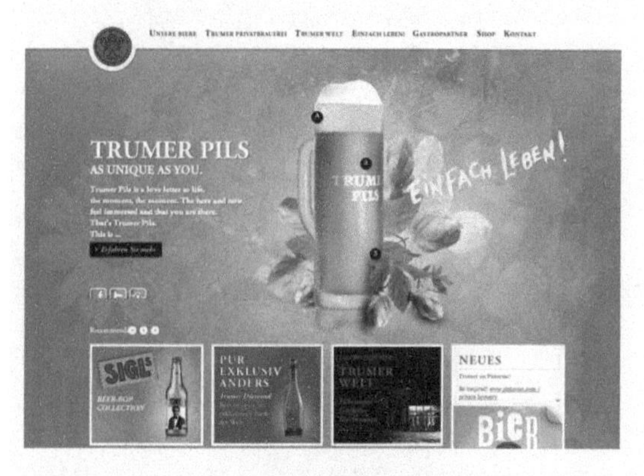

✎ **案例解析：**作品中的背景颜色成渐变分布，由绿色过渡到黄色，这样的类似色配色方案给人一种自然过渡的感觉。

✌ **案例拓展：**

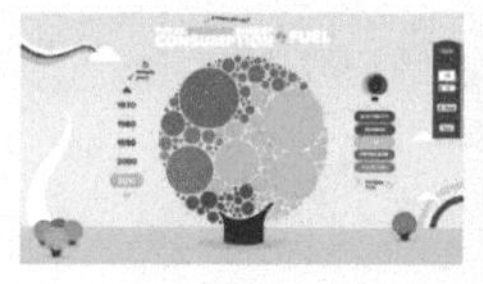

高明度类似色对比

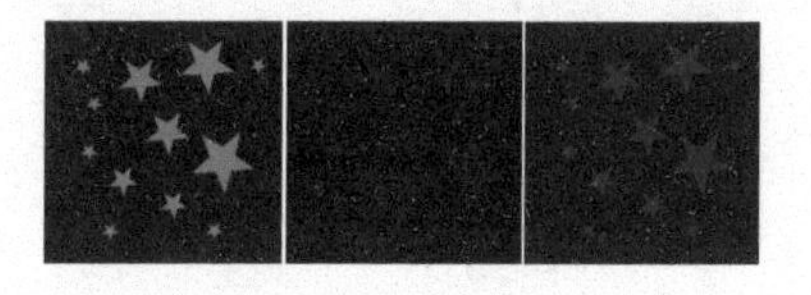

低明度类似色对比

（3）对比色对比　在色环中两种颜色相隔120° 左右为对比色。对比色给人一种强烈、鲜明、活跃的感觉。

✎ **案例解析：**对比色的配色方案通常给人一种鲜明、明快的感觉。

✌ **案例拓展：**

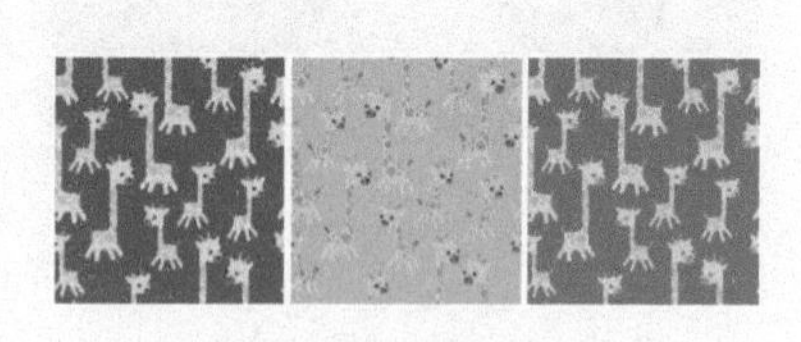

中纯度对比色对比

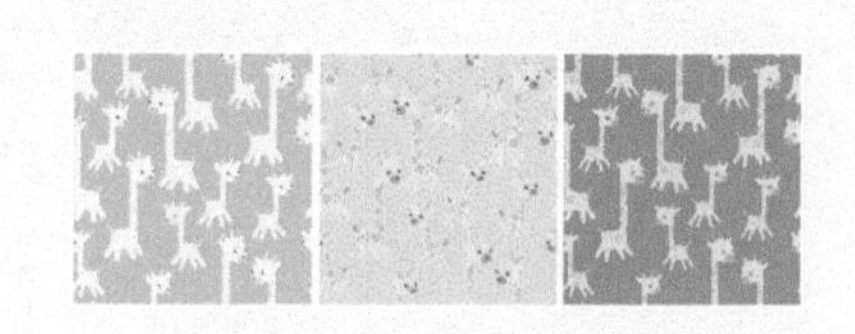

低纯度对比色对比

（4）互补色对比　在色环中相差180° 左右为互补色。这样的色彩搭配可以产生一种强烈的刺激作用，对人的视觉具有最强的吸引力。

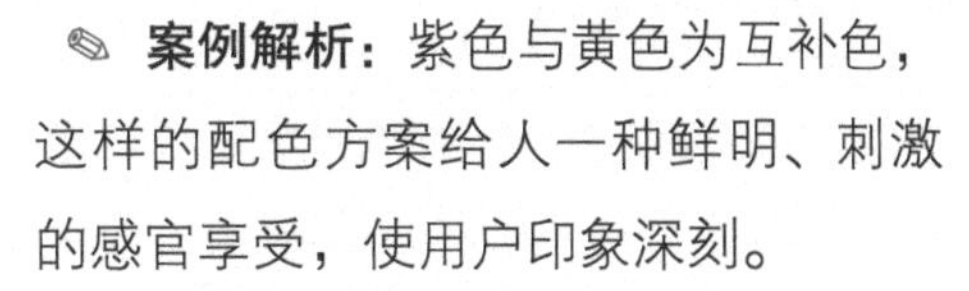

✎ **案例解析：**紫色与黄色为互补色，这样的配色方案给人一种鲜明、刺激的感官享受，使用户印象深刻。

✌ **案例拓展：**

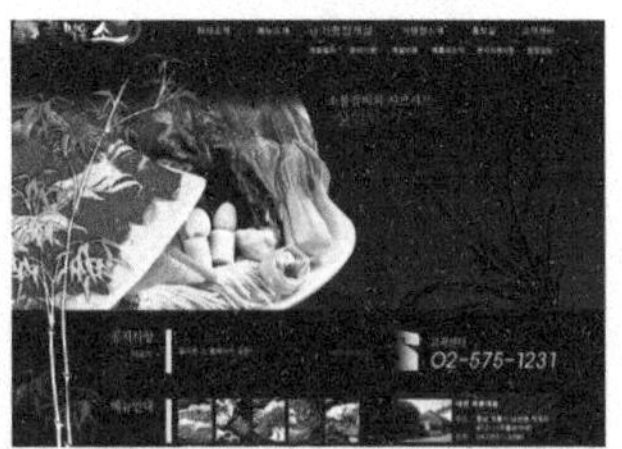

低纯度对比色对比

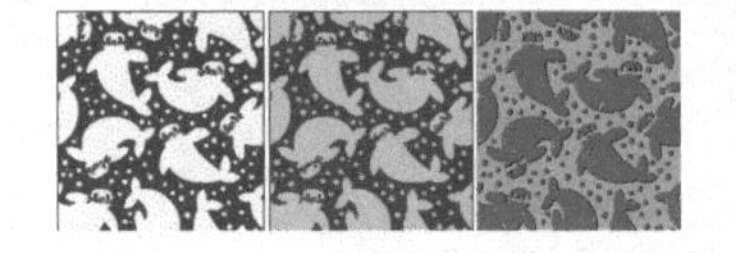

高纯度对比色对比

1.3.4 面积对比

面积对比是在同一画面中因颜色所占的面积大小产生的色相、明度、纯度、冷暖产生的对比。

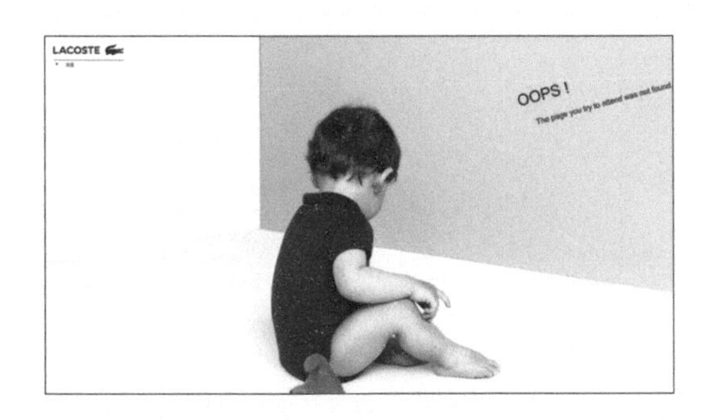

✎ **案例解析：**作品利用类似色的配色原理进行色彩搭配，利用颜色明度与纯度的变化为页面营造了空间感。

✌ **案例拓展：**

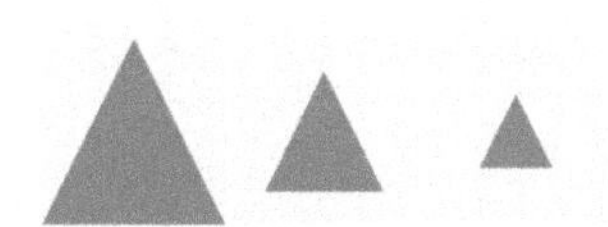

相同颜色的橙色在画面中所占面积不同，导致画面颜色纯度也不同。

黄色在画面中所占面积不同，导致画面产生的冷暖对比也不同。

1.3.5 冷暖对比

由于色彩感觉的冷暖差别而形成的色彩对比称为冷暖对比。冷色和暖色是一种色彩感觉，画面中的冷色和暖色的分布比例决定了画面的整体色调，即暖色调和冷色调。不同的色调也能表达不同的意境和情绪。

✎ **案例解析：**黄色为暖色，蓝色为冷色，冷与暖的对比使画面产生一种强烈的视觉冲击力。

✌ **案例拓展：**

高纯度的冷色与相同暖色的对比效果

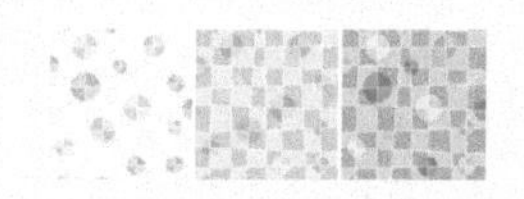

低纯度冷色与不同暖色的对比效果

第2章 网页设计的基础知识

Part Two

Wang Ye She Ji De Ji Chu Zhi Shi

♣ 2.1　什么是网页

随着科技的不断发展，因特网已经成为人们生活中的一部分。当人们进入因特网后，要做的第一件事就是打开浏览器窗口输入网址，等待一张网页出现在面前。

那什么是网页呢？网页的英文名为“Web page”，它是构成网站的基本元素，是承载各种网站应用的平台。

网页是由网址（URL）来识别与访问，当我们在网页浏览器里输入网址后，经过一段复杂而又快速的程序，网页文件会被传送到计算机中，然后通过浏览器解释网页的内容，再展示到你的眼前。通常是HTML格式（文件扩展名为.html或.htm），但现今已有愈来愈多、各色各样的网页格式和标准出现。网页通常用图像文档来提供图画。网页要通过网页浏览器来阅读。

在网页中，文字与图片是两个最基本的元素。文字是人类最基础的表达方式，是重要的传递信息的手段。但是在网页中只有文字太枯燥了，因此可以在文字的基础上添加图片进行页面的装饰。除此之外，网页的元素还包括动画、音乐、程序等。

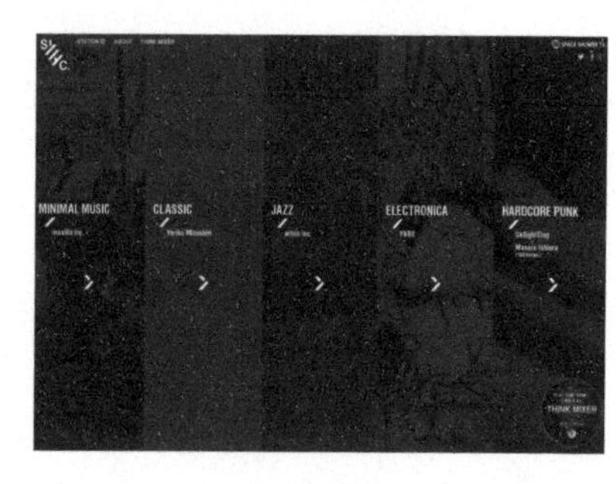

♣ 2.2　网页的构成

2.2.1　网页简介

不同性质、不同类别的网站，页面的内容安排是不同的。一般网页的基本内容包括标题、网站 LOGO、页眉、页脚、导航、主体内容等。

2.2.2 网页标题

网页标题是对一个网页的高度概括，每一个网站中的每个页面都有一个标题，用来提示页面中的主要内容。它的主要作用是引导访问者清楚地浏览网站中的内容。

2.2.3 网站的 LOGO

在 IT 领域，LOGO 是标志、徽标的意思。其主要的用途是与其他网站链接以及让其他网站链接的标志和门户，代表一个网站或网站的一个板块。LOGO 图形化的形式，特别是动态的 LOGO，比文字形式的链接更能引起人的注意。

为了便于在 Internet 进行信息的传播，统一的国际标准是必要的。关于网站的 LOGO 目前有三种规格。

（1）88×31 像素这是互联网上最普遍的 LOGO 规格。

（2）120×60 像素这种规格用于一般大小的 LOGO。

（3）120×90 像素这种规格用于大型 LOGO。

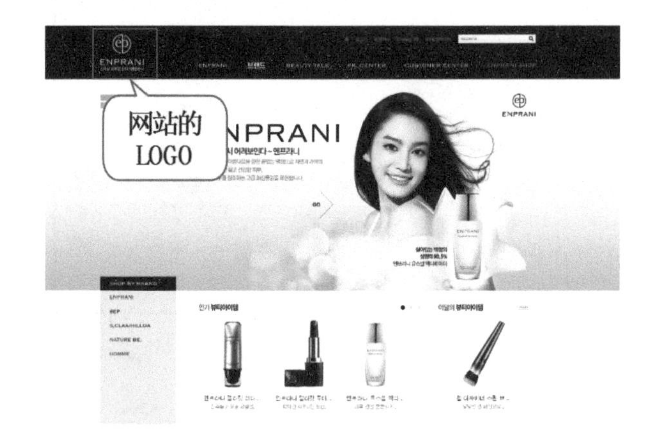

2.2.4 网页页眉

网页页眉指的是页面顶端的部分，有的页面划分比较明显，有的页面没有明确区分。通常情况，页面的设计风格与整体页面风格一致，富有变化的页眉有和网站 LOGO 一样的标志作用。页眉的位置的吸引力较高，大多数网站创建者在此设置网站的宗旨、宣传口号、广告标语等。

2.2.5 网页页脚

网页的页脚位于页面的底部，通常用来标注站点所属公司的名称、地址、网站版权、邮件地址等信息，使用户能够从中了解该站点所有者的基本情况。

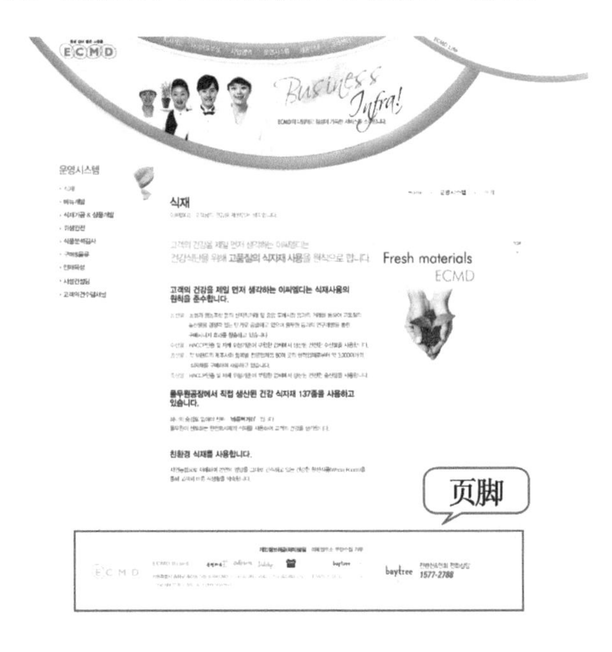

2.2.6 网页导航

网页导航是指通过一定的技术手段，为网页的访问者提供一定的途径，使其可以方便地访问到所需的内容。网页导航位置在每个网页中的位置都是不同的。网页导航表现为网页的栏目菜单设置、辅助菜单和其他在线帮助等形式。

2.2.7 网页的主体内容

主体内容是网页设计的元素。它一般是二级链接内容的标题，或是内容提要，或是内容的部分摘录。表现手法一般是图像和文字相结合。

♣2.3　网页的尺寸

网页的局限性在于它无法突破显示器的显示范围，在本来就局限的空间中，浏览器也占去了不少空间，所以网页屏幕尺寸也不相同。下图为浏览器的可用空间。

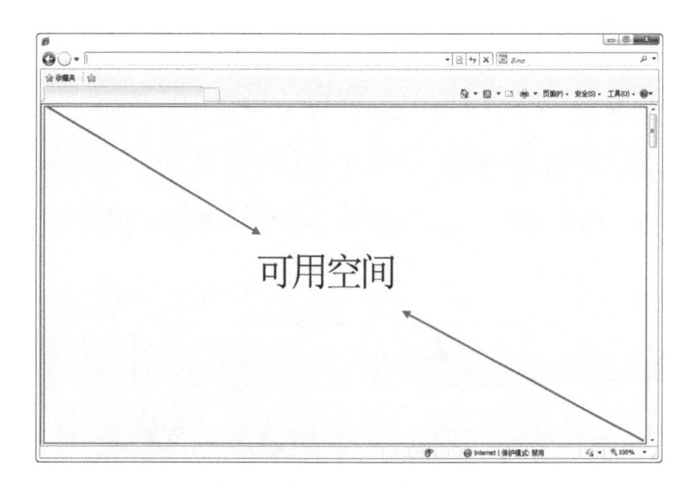

也就是说浏览器的可用空间受到屏幕分辨率的影响。大多数人将显示器分辨率设置1024×768像素，分辨率设置为640×480像素或800×600像素的只是少数。但是考虑到以低分辨率来适应高分辨率的原则，所有很多网站还是在800×600像素的分辨率进行制作。有些适应1024×768像素分辨率制作的网站，在页眉或页脚上会注明“建议分辨率为1024×768”字样。

当显示器的分辨率为800×600像素时，浏览器的屏幕最大宽度为800像素，由于默认的垂直滚动条占20像素，默认的内容距离页面左右边各10像素，所以网页的安全宽度应该为760像素。所谓“安全”是指在全屏显示的时候，浏览器是不会出现水平滚动条的。下图为1024×768像素分辨率下浏览的效果。

若把浏览器的宽度减少到 800 像素以内，在浏览器的底部就会出现水平的滚动条，这是因为网页主体内容的宽度大于浏览器的内容宽度。通常来说，如果访问者需要拖拽水平滚动条才能够浏览到网页中的所有内容，那么这张网页设计得并不成功。下图为 800×600 像素分辨率下浏览的效果。

♣ 2.4　网页的色彩

2.4.1　RGB 色彩模式

在大自然中，凡是能够发光的物体都被称为光源，人类的肉眼在观察这些光源时，会根据光的波长而对这些物体进行辨识。色彩就是人类根据光的波长总结的抽象概念。

彩色显示器产生彩色的方式类似于大自然的发光体。在显示器的内部有一个显像管，当显像管内的电子枪发射出的电子流打在荧光屏内侧的荧光粉上时，荧光粉就会产生发光效应。三种不同性质的荧光分别发出红、绿、蓝 3 种颜色的光波，计算机程序量化地控制电子束强度，由此精确控制各光波的波长，再经过合成叠加，就模拟出自然界中的各种颜色了。

因为网页成品一般都是通过电子显示器设备来显示的，所以网页的色彩有着特殊的性质。显示器上的所有颜色都是由红色（R）、绿色（G）和蓝色（B）三种色光按照不同的比例混合而成的，这就是 RGB 色彩模式。

RGB 色彩模式为光的三原色，正因如此，红、绿、蓝三种颜色经过不同比例混合可以得到成千上万种颜色，但是任何颜色相混合都不能得到红、绿、蓝三种颜色。

在许多的图形处理软件中，都提供了相应的调配功能，输入三原色的数值可以选择相应的颜色，也可以根据软件所提供的色板来调整颜色，如 Photoshop 软件中的“颜色”面板。

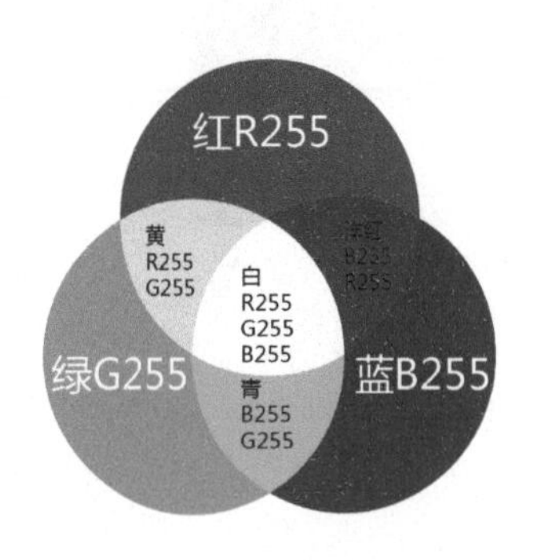

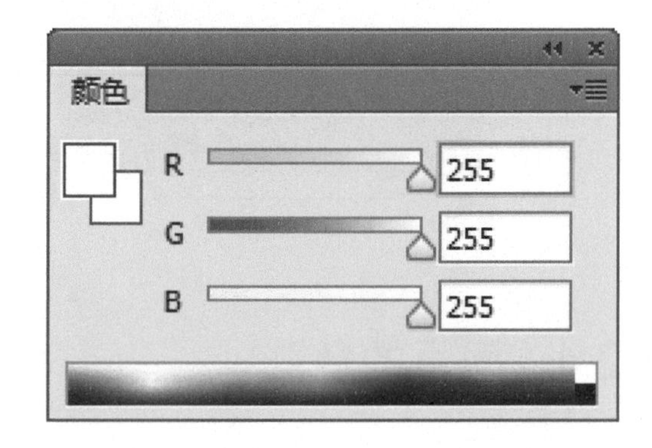

2.4.2 HTML 语言对色彩的描述

在网页中，HTML 语言对于色彩的描述方式是使用“RGB”的十六进制表示方法。对于三原色，HTML 分别给予两个十六进位去定义，也就是每个原色可以有 256 种色彩，所以三原色可以混合生成 1700 多万种颜色。

为了用 HTML 表现 RGB 色彩，将十进制数 0~255 改为十六进制值就是 00 ~ FF，用 RGB 的顺序罗列就为 HTML 色彩编码。例如，在 HTML 编码中 000000 是 R（红）G（绿）B（蓝）都没有光的 0 状态，也就是黑色。相反，FFFFFF 是 R（红）G（绿）B（蓝）都有光的 255 状态，就是在 R（红）G（绿）B（蓝）最亮的状态进行科学合理的组成的彩色。

#000000	#2F0000	#600030	#460046	#28004D
#272727	#4D0000	#820041	#5E005E	#3A006F
#3C3C3C	#600000	#9F0050	#750075	#4B0091
#4F4F4F	#750000	#BF0060	#930093	#5B00AE
#5B5B5B	#930000	#D9006C	#AE00AE	#6F00D2
#6C6C6C	#AE0000	#F00078	#D200D2	#8600FF
#7B7B7B	#CE0000	#FF0080	#E800E8	#921AFF
#8E8E8E	#EA0000	#FF359A	#FF00FF	#9F35FF
#9D9D9D	#FF0000	#FF60AF	#FF44FF	#B15BFF
#ADADAD	#FF2D2D	#FF79BC	#FF77FF	#BE77FF
#BEBEBE	#FF5151	#FF95CA	#FF8EFF	#CA8EFF
#d0d0d0	#ff7575	#ffaad5	#ffa6ff	#d3a4ff
#E0E0E0	#FF9797	#FFC1E0	#FFBFFF	#DCB5FF
#F0F0F0	#FFB5B5	#FFD9EC	#FFD0FF	#E6CAFF
#FCFCFC	#FFD2D2	#FFECF5	#FFE6FF	#F1E1FF
#FFFFFF	#FFECEC	#FFF7FB	#FFF7FF	#FAF4FF
#000079	#000079	#003E3E	#006030	#006000
#000093	#003D79	#005757	#01814A	#007500
#0000C6	#004B97	#007979	#019858	#009100
#0000C6	#005AB5	#009393	#01B468	#00A600
#0000E3	#0066CC	#00AEAE	#02C874	#00BB00
#2828FF	#0072E3	#00CACA	#02DF82	#00DB00
#4A4AFF	#0080FF	#00E3E3	#02F78E	#00EC00
#6A6AFF	#2894FF	#00FFFF	#1AFD9C	#28FF28
#7D7DFF	#46A3FF	#4DFFFF	#4EFEB3	#53FF53
#9393FF	#66B3FF	#80FFFF	#7AFEC6	#79FF79
#AAAAFF	#84C1FF	#A6FFFF	#96FED1	#93FF93
#B9B9FF	#97CBFF	#BBFFFF	#ADFEDC	#A6FFA6
#CECEFF	#ACD6FF	#CAFFFF	#C1FFE4	#BBFFBB
#DDDDFF	#C4E1FF	#D9FFFF	#D7FFEE	#CEFFCE
#ECECFF	#D2E9FF	#ECFFFF	#E8FFF5	#DFFFDF
#FBFBFF	#ECF5FF	#FDFFFF	#FBFFFD	#F0FFF0
#467500	#424200	#5B4B00	#844200	#642100
#548C00	#5B5B00	#796400	#9F5000	#842B00
#64A600	#737300	#977C00	#BB5E00	#A23400
#73BF00	#8C8C00	#AE8F00	#D26900	#BB3D00
#82D900	#A6A600	#C6A300	#EA7500	#D94600
#8CEA00	#C4C400	#D9B300	#FF8000	#F75000
#9AFF02	#E1E100	#EAC100	#FF9224	#FF5809
#A8FF24	#F9F900	#FFD306	#FFA042	#FF8040
#B7FF4A	#FFFF37	#FFDC35	#FFAF60	#FF8F59
#C2FF68	#FFFF6F	#FFE153	#FFBB77	#FF9D6F
#CCFF80	#FFFF93	#FFE66F	#FFC78E	#FFAD86
#D3FF93	#FFFFAA	#FFED97	#FFD1A4	#FFBD9D
#DEFFAC	#FFFFB9	#FFF0AC	#FFDCB9	#FFCBB3
#E8FFC4	#FFFFCE	#FFF4C1	#FFE4CA	#FFDAC8
#EFFFD7	#FFFFDF	#FFF8D7	#FFEEDD	#FFE6D9
#F5FFE8	#FFFFF4	#FFFCEC	#FFFAF4	#FFF3EE
#613030	#616130	#336666	#484891	#6C3365
#743A3A	#707038	#3D7878	#5151A2	#7E3D76
#804040	#808040	#408080	#5A5AAD	#8F4586
#984B4B	#949449	#4F9D9D	#7373B9	#9F4D95
#AD5A5A	#A5A552	#5CADAD	#8080C0	#AE57A4
#B87070	#AFAF61	#6FB7B7	#9999CC	#B766AD
#C48888	#B9B973	#81C0C0	#A6A6D2	#C07AB8
#CF9E9E	#C2C287	#95CACA	#B8B8DC	#CA8EC2
#D9B3B3	#CDCD9A	#A3D1D1	#C7C7E2	#D2A2CC
#E1C4C4	#D6D6AD	#B3D9D9	#D8D8EB	#DAB1D5
#EBD6D6	#DEDEBE	#C4E1E1	#E6E6F2	#E2C2DE
#F2E6E6	#E8E8D0	#D1E9E9	#F3F3FA	#EBD3E8

2.4.3 网络安全色

在日常生活中可以发现，即便是一模一样的颜色也会由于显示设备、操作系统、显色卡以及浏览器的不同而有不相同的显示效果。为了解决这个问题，可以使用 216 网页安全色。

216 网页安全色是指在不同硬件环境、不同操作系统、不同浏览器中都能够正常显示的颜色集合，这些颜色在任何终端浏览用户显示设备上的显示效果都是相同的。所以使用 216 网页安全色进行网页配色可以避免原有色彩失真的问题。下图为网页 216 网页安全色表。

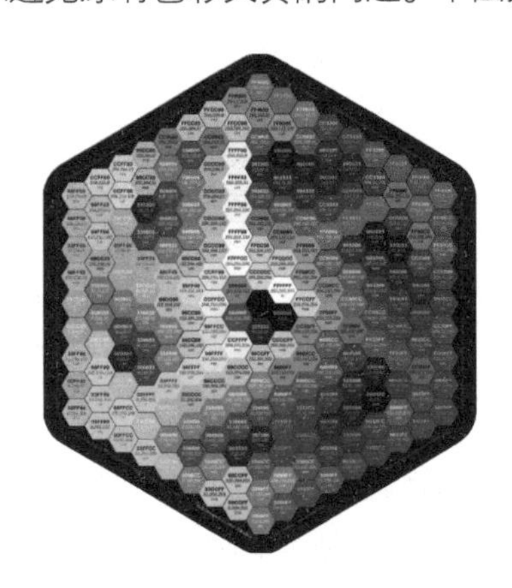

第3章 了解基础色

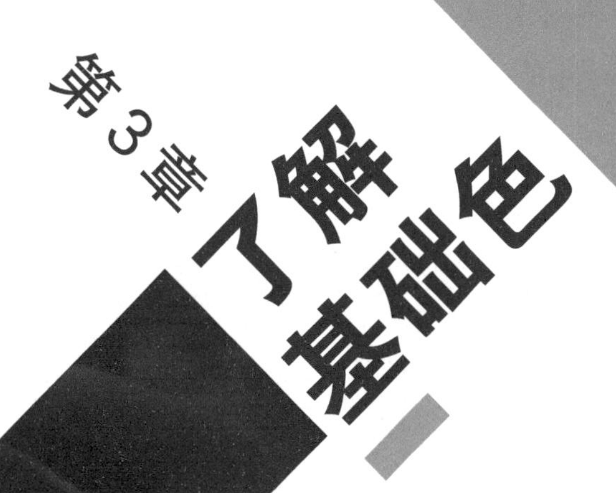

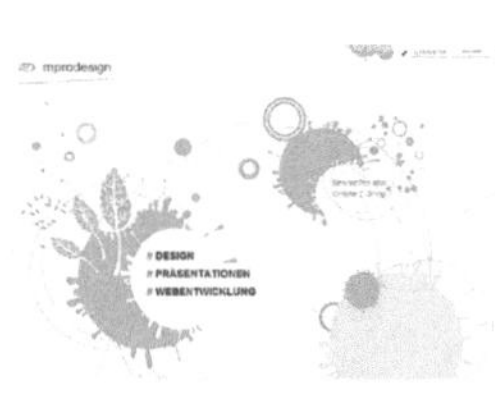

红\橙\黄\绿\青\蓝\紫\黑\白\灰

✎ 红色：警告 / 大胆 / 娇媚 / 富贵 / 典雅 / 温柔 / 可爱 / 积极 / 充实 / 柔软
✎ 橙色：收获 / 生机勃勃 / 美好 / 轻快 / 开朗 / 天真 / 纯朴 / 雅致 / 古典 / 坚硬
✎ 黄色：华丽 / 刺激 / 柔和 / 简朴 / 耀眼 / 酸甜 / 轻快 / 乡土 / 田园 / 温厚
✎ 绿色：无拘束 / 新鲜 / 自然 / 茁壮 / 诚恳 / 安心 / 和谐 / 希望 / 痛快 / 和平
✎ 青色：坚强 / 开阔 / 古朴 / 淡雅 / 整洁 / 轻松 / 希望 / 鲜艳 / 依赖 / 清爽
✎ 蓝色：清凉 / 深远 / 爽快 / 镇定 / 纯粹 / 理智 / 纪律 / 庄重 / 格调 / 清凉
✎ 紫色：优雅 / 温柔 / 浪漫 / 高尚 / 神圣 / 思虑 / 可爱 / 怀旧 / 萌芽 / 诡异
✎ 黑色：黑暗 / 严肃 / 神秘 / 低沉
✎ 白色：干净 / 整洁 / 朴素 / 光明
✎ 灰色：高雅 / 尖锐 / 时尚 / 低调

☛ 颜色是有生命的，或开心、或忧郁、或沉着、或浮华，设计师可以通过颜色来表达作品的情感。☚

♣3.1 红

3.1.1 浅谈红色

红色：红色是生命崇高的象征，它总会让人联想到炽烈似火的晚霞、熊熊燃烧的火焰，还有浪漫柔情的红色玫瑰。它似乎有一种神秘的力量总是可以凌驾于一切色彩之上，这是因为人眼晶状体要对红色波长调整焦距，它的自然焦距在视网膜之后，因此产生了红色事物较近的视觉错误。

正面关键词：热情、活力、兴旺、女性、生命、喜庆。

负面关键词：邪恶、停止、警告、血腥、死亡、危险。

洋红	胭脂红	玫瑰红
0,100,46,19	0,100,70,16	0,88,57,10
朱红	猩红	鲜红
0,70,82,9	0,100,92,10	0,100,93,15
山茶红	浅玫瑰红	火鹤红
0,59,50,14	0,44,35,7	0,27,27,4
鲑红	壳黄红	浅粉红
0,36,44,5	0,20,27,3	0,9,12,1
博朗底酒红	机械红	威尼斯红
0,75,56,60	0,100,76,36	0,96,90,22
宝石红	灰玫红	优品紫红
0,96,59,22	0,41,35,24	0,32,15,12

3.1.2 应用实例

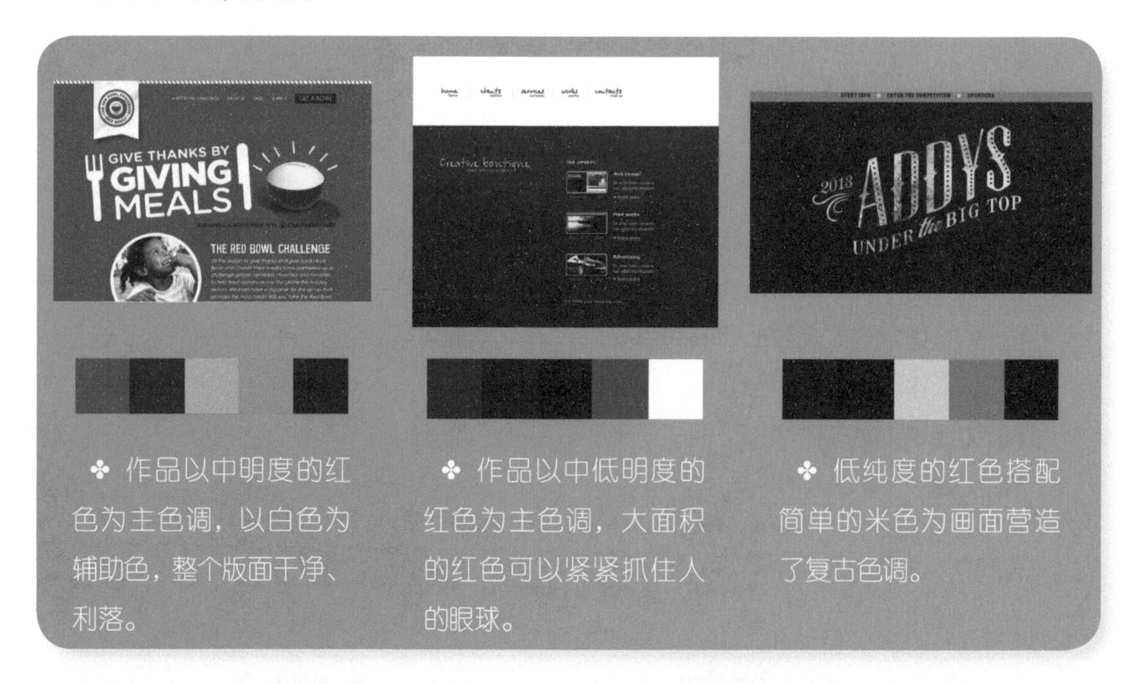

✤ 作品以中明度的红色为主色调，以白色为辅助色，整个版面干净、利落。

✤ 作品以中低明度的红色为主色调，大面积的红色可以紧紧抓住人的眼球。

✤ 低纯度的红色搭配简单的米色为画面营造了复古色调。

3.1.3 常见色分析

	鲜红：警告	鲜红代表了禁止、停止、警告等含义，在设计中常用来给人以强烈的视觉刺激。
	洋红：大胆	洋红视认性强、感觉华丽。洋红是招贴画色彩中的代表红色。它的视认性强，与纯度高的类似色搭配，展现出更华丽、更有动感的效果。
	胭脂红：娇媚	胭脂是女士化妆中不可缺少的步骤，可达到使人年轻几岁的效果，除修饰脸形外，还可让整个妆容看起来更健康。而胭脂红也常用来表现女人的娇媚。
	玫瑰红：典雅	玫瑰红是女人的象征。玫瑰红的色彩透彻明晰，流露出含蓄的美感，华丽而不失典雅。
	火鹤红：温柔	火鹤红色是女性用品广告中常用的颜色，可以展现女性温柔的感觉。
	浅玫瑰红：可爱	浅玫瑰红常用来表现粉嫩、可爱、楚楚动人的感觉，在表现女性产品时常用到。

	朱红：积极	朱红搭配亮色展现出朝气十足、积极向上的情感。印泥就是这种颜色。
	博朗底酒红：充实	博朗底酒红与红酒的颜色相近，是一种比较暗的红色。

3.1.4 猜你喜欢

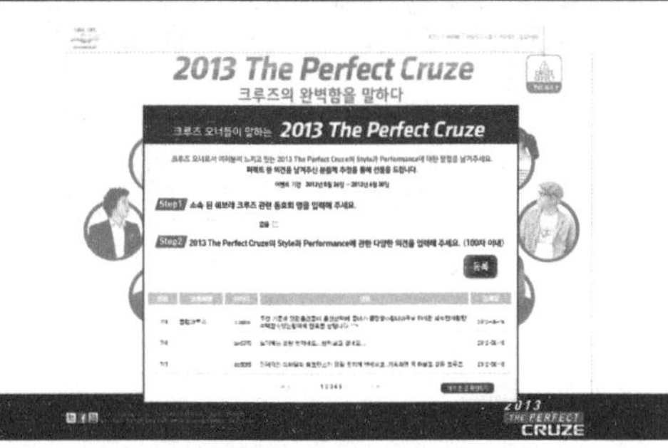

3.2 橙

3.2.1 浅谈橙色

橙色： 橙色是让人温暖、喜悦的颜色，当人们看见橙色总会联想到丰收的田野，漫山的黄叶、成熟的橘子等美好的事物。亮橙色让人感觉刺激、兴奋，浅橙色使人愉快。橙色也是年轻、活力、时尚、勇气的象征。

正面关键词： 温暖、兴奋、欢乐、放松、舒适、收获。

负面关键词： 陈旧、隐晦、反抗、偏激、境界、刺激。

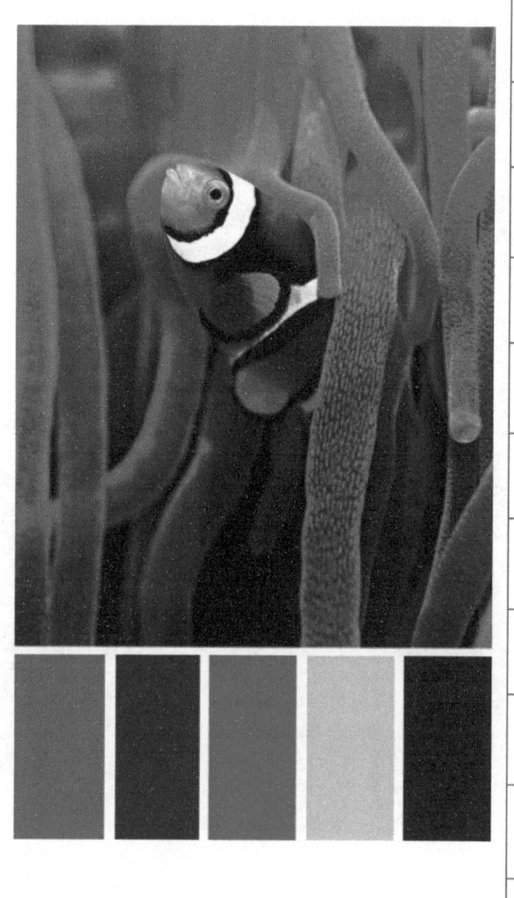

橘色	柿子橙	橙色
0,64,86,8	0,54,74,7	0,54,100,7
阳橙	热带橙	蜜橙
0,41,100,5	0,37,77,5	0,22,55,2
杏黄	沙棕	米色
0,26,53,10	0,9,14,7	0,10,26,11
灰土	驼色	椰褐
0,13,32,17	0,26,54,29	0,52,80,58
褐色	咖啡	橘红
0,48,84,56	0,29,67,59	0,73,96,0
肤色	赭石	酱橙色
0,22,56,2	0,36,75,14	0,42,100,18

3.2.2 应用实例

✤ 作品以橙色为辅助色，使原本灰色调的画面充满了生气。

✤ 作品以橙色搭配白色，使整个版面洋溢着青春、张扬的味道。

✤ 作品为食品主题网页，使用橙色的背景颜色，使整个版面变得健康、活力。

3.2.3 常见色分析

	橘色：收获	橘色能给人有收获的感觉，也有着能让人振作的力量，同时可以点亮空间。
	阳橙：生机勃勃	阳橙色能给人生机勃勃、有朝气的感觉，所以基本上属于心理色性。
	蜜橙：轻快	蜜橙色在给人以轻快动感印象的同时，也透露出不安稳的一面。
	杏黄：开朗	杏黄色不但具有橙色特有的乐天、愉快，还有孩子般独特的开朗。
	柿子橙：天真	柿子橙给人一种天真的感觉。
	米色：淡雅	米色多运用于安定感的图案，可以展现出淡雅的感觉。

	驼色：雅致	驼色看起来高贵、雅致，所以搭配同色调的色彩会更显柔和及沉稳。
	椰褐：古典	椰褐色中包含着橙色轻松快乐的元素，是个很容易被接受的色彩。

3.2.4 猜你喜欢

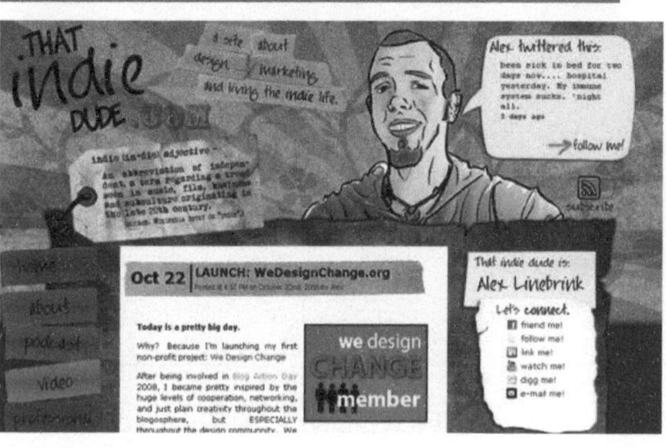

♣3.3 黄

3.3.1 浅谈黄色

黄色：黄色是彩虹中明度最高的颜色。因为它的波长适中，所以是所有色相中最能发光的颜色。黄色通常给人一种轻快、透明、辉煌、积极的感受。但是过于明亮的黄色会被认为轻薄、冷淡、极端。

正面关键词：透明、辉煌、权利、开朗、阳光、热闹。

负面关键词：廉价、恶俗、软弱、吵闹、色情、轻薄。

黄	铬黄	金色
0,0,100,0	0,18,100,1	0,16,100,0
茉莉黄	奶黄	香槟黄
0,13,53,0	0,8,29,0	0,3,31,0
月光黄	万寿菊黄	鲜黄
0,4,61,0	0,31,100,3	0,5,100,0
含羞草黄	芥末黄	黄褐
0,11,72,7	0,8,55,16	0,27,100,23
卡其黄	柠檬黄	香蕉黄
0,23,78,31	6,0,100,0	0,12,100,0
金发黄	灰菊色	土著黄
0,9,63,14	0,3,29,11	0,10,72,27

3.3.2 应用实例

✤ 作品使用黄色为辅助色，使得版面中的主要内容更具有吸引力。

✤ 作品以黄色为主色，白色为辅助色，所以作品为高明度色彩基调。

✤ 作品利用不同明度的黄色进行对比，使画面主次分明，内容清晰。

3.3.3 常见色分析

	黄：华丽	黄色冲击力强，以其为主色调，更加突显产品的华丽感。
	铬黄：刺激	铬黄色有些偏橙色，是一个显眼并且有个性的色彩，也蕴含着快乐与活力。
	茉莉黄：柔和	茉莉黄色是一种可以放松心情的治愈系色彩，这种黄色有着花一样的温柔气。
	奶黄：简朴	奶黄色表现出的是一种柔和清淡的效果，容易与其他色彩搭配。
	香槟黄：耀眼	香槟黄色与同样明亮的色彩会很相配，可以搭配出轻快的感觉。
	柠檬黄：酸甜	柠檬黄色有着清晰明亮的性质，同时又不会太过强烈和耀眼，除给人以可爱与纯真外，又有智慧和理智的特点。
	卡其黄：乡土	因为日常生活经常看到暗黄色这个色彩，所以让人有亲近感。

	黄褐：温厚	黄褐给人一种恬静而怀念的感觉，搭配较深色彩，可以描绘出微妙的感觉。
	鲜黄色：轻快	鲜黄色让人感觉到翱翔的解放感，充满了快乐与动感、活力与希望。

3.3.4 猜你喜欢

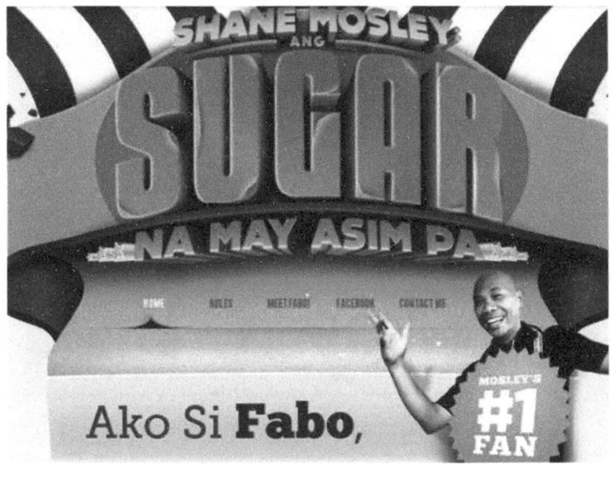

♣3.4　绿

3.4.1　浅谈绿色

绿色：绿色总是会让人联想到春天生机勃勃、清新宁静的景象。从心理上讲，绿色会让人心态平和，给人松弛、放松的感觉。绿色也是最能休息人眼睛的颜色，多看一些绿色的植物可以缓解眼部疲劳。

正面关键词：和平、宁静、自然、环保、生命、成长、生机、希望、青春。

负面关键词：土气、庸俗、愚钝、沉闷。

黄绿	苹果绿	嫩绿
9 ,0,100,16	16,0,87,26	19,0,49,18
叶绿	草绿	苔藓绿
17,0,47,36	13,0,47,23	0,1,60,47
橄榄绿	常春藤绿	钴绿
0,1,60,47	51,0,34,51	44,0,37,26
碧绿	绿松石绿	青瓷绿
88,0,40,32	88,0,40,32	34,0,16,27
孔雀石绿	薄荷绿	铬绿
100,0,39,44	100,0,33,53	100,0,21,60
孔雀绿	抹茶绿	枯叶绿
100,0,7,50	2,0,42,27	6,0,32,27

3.4.2 应用实例

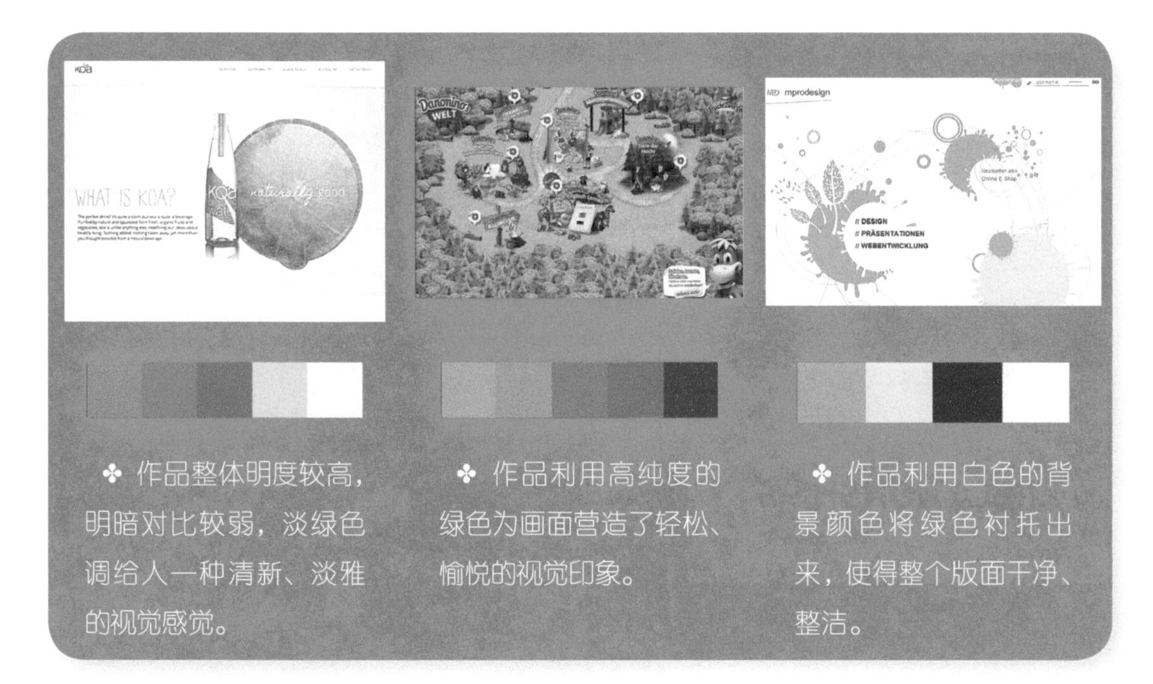

✤ 作品整体明度较高，明暗对比较弱，淡绿色调给人一种清新、淡雅的视觉感觉。

✤ 作品利用高纯度的绿色为画面营造了轻松、愉悦的视觉印象。

✤ 作品利用白色的背景颜色将绿色衬托出来，使得整个版面干净、整洁。

3.4.3 常见色分析

	黄绿：无拘束	黄绿色既有黄色的知性、明快，又有绿色的自然，所以展现出自由悠然的感觉。
	苹果绿：新鲜	苹果绿是一种新鲜水嫩的色相，会令人感觉到希望，通过改变色相，可以制造出各种效果。
	叶绿：自然	叶绿色表现的是，太阳照射在枝叶上看起来很明亮的部分，就像是树丛和阳光共同制造出来的光影结合体。
	草绿：茁壮	草绿色的色相很自然，是一个放松系色彩，同时让人感觉到刚刚发芽还很幼小的嫩叶会慢慢茁壮成长的那种活力。
	橄榄绿色：诚恳	橄榄绿的明度和纯度较低，很有安定感，给人一种非常诚恳的印象。
	常春藤绿：安心	常春藤绿色可以给人安心感和希望，通过与蓝色系搭配的设计，表现出镇静的效果。

	碧绿：和谐	碧绿色中隐藏了蓝色的冷峻，所以给人一种平静、和谐的印象，搭配柔和的蓝色来缓冲对比，可以营造放松的效果。
	薄荷绿色：痛快	薄荷绿色使人有种清爽独特香味的感觉，可以制造出让人痛快的效果。

3.4.4 猜你喜欢

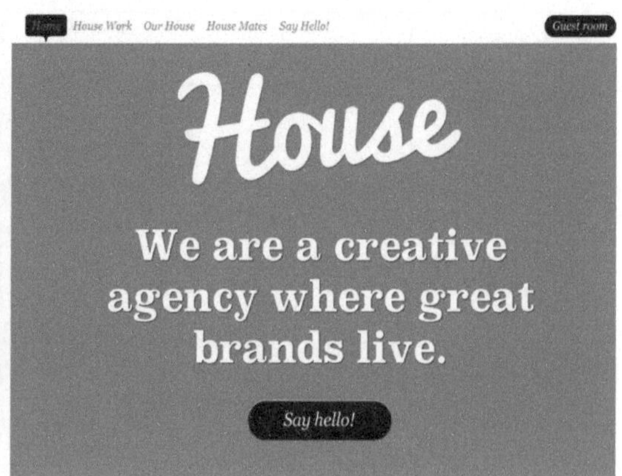

♣3.5 青

3.5.1 浅谈青色

青色：青色是一种介于蓝色和绿色之间的颜色，因为没有统一的规定，所以对于青色的定义也是因人而异。青色颜色较淡时可以给人一种清爽、冰凉的感觉；当青色较深时会给人一种阴沉、忧郁的感觉。

正面关键词：清脆、伶俐、欢快、劲爽、淡雅。

负面关键词：冰冷、沉闷、华而不实、不踏实。

蓝鼠	砖青色	铁青
37,20,0,41	43,26,0,31	50,39,0,59
鼠尾草	深青灰	天青色
49,32,0,32	100,35,0,53	43,17,0,7
群青	石青色	浅天色
100,60,0,40	100,35,0,27	24,4,0,12
青蓝色	天色	瓷青
77,26,0,31	32,11,0,14	22,0,0,12
青灰色	白青色	浅葱色
30,10,0,35	7,0,0,4	24,3,0,12
淡青色	水青色	藏青
12,0,0,0	61,13,0,12	100,70,0,67

3.5.2 应用实例

MOGREET INC
DESIGNED WITH LOVE
dasai
creative engineering
GROW SOMETHING NEW
SWEETS WITH TEETH
✤ 作为科技网页，作品以深青色为主色调，这样的配色给人一种高端、科技的视觉感受。
✤ 作品以青色为背景颜色，利用颜色的明度变化，使版面产生空间感。
✤ 作品中，青色的文字在白色背景的衬托下，更加醒目、活跃。

3.5.3 常见色分析

	天青色：开阔	淡淡的天青色具有蓝色的镇定作用，有缓解紧张的作用，给人开阔的感觉。
	铁青色：古朴	低明度的铁青色给人淡然的沉淀感，象征着古朴、单纯的品质。
	瓷青色：淡雅	瓷青色给人淡雅的印象，具有骄傲、华丽的品质，给人一种轻薄神秘的感觉。
	群青色：轻松	群青色有缓解紧张的作用，具有轻松的特点，能迎合人们追求变化的心理。
	砖青色：希望	砖青色的色彩感情十分丰富，同时能表现一种希望的精神性，体现很强的存在感。
	青蓝色：依赖	色调的变化能够使青色有着不同的表现效果，青蓝色能给人依赖的印象。
	浅葱色：清爽	浅葱色体现出轻快柔和、不张扬的清爽感觉。

	淡青色：整洁	淡青色融入了大量白色的光芒感，给人轻松舒适、整洁的印象。

3.5.4 猜你喜欢

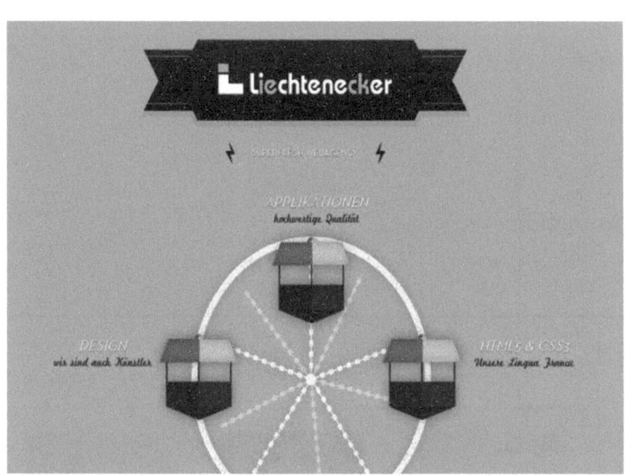

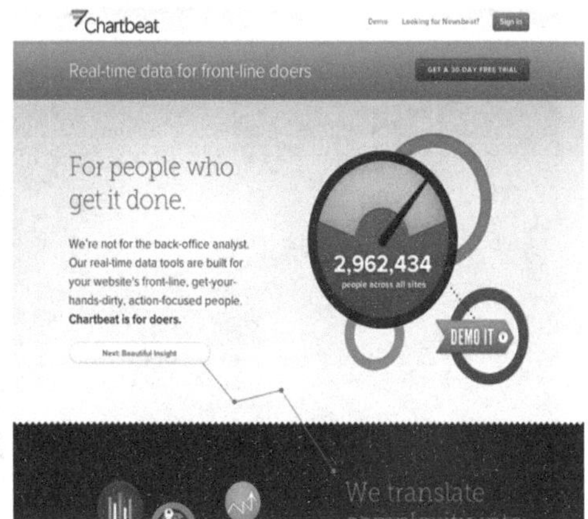

3.6　蓝

3.6.1　浅谈蓝色

蓝色：蓝色是天空和海浪的颜色，是男性的象征。蓝色有很多种，浅蓝色可以给人一种阳光、自由的感觉，深蓝色给人沉稳、安静的感觉。在生活中许多国家警察的衣服是蓝色的，这样的设计起到了一种冷静、镇定的作用。

正面关键词：纯净、美丽、冷静、理智、安详、广阔、沉稳、商务。

负面关键词：无情、寂寞、阴森、严格、古板、冷酷。

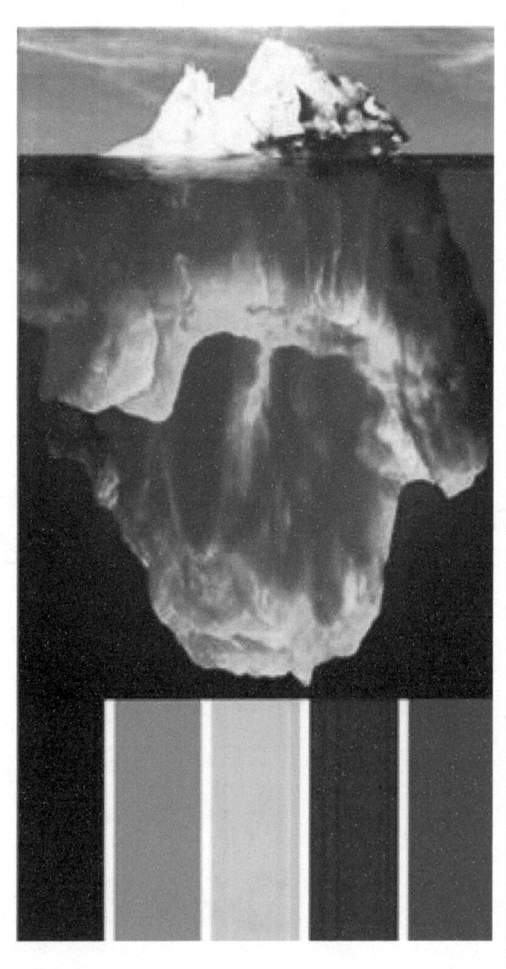

天蓝色	蓝色	蔚蓝色
100,50,0,0	100,100,0,0	100,26,0,35
普鲁士蓝	矢车菊蓝	深蓝
100,41,0,67	58,37,0,7	100,100,0,22
单宁布色	道奇蓝	国际旗道蓝
89,49,0,26	88,44,0,0	100,72,0,35
午夜蓝	皇室蓝	浓蓝色
100,50,0,60	71,53,0,12	100,25,0,53
蓝黑色	玻璃蓝	岩石蓝
92,61,0,77	84,52,0,36	38,16,0,26
水晶蓝	冰蓝	爱丽丝蓝
22,7,0,7	11,4,0,2	8,2,0,0

3.6.2 应用实例

✤ 作品中蓝色的模块与商品颜色相呼应，经过灰色的调和作用，整个版面个性又自然。

✤ 作品以蓝色为背景，利用明暗的对比效果将前景中的文字与手机突显出来。

✤ 作品以蓝色为背景，给人一种稳重、高端的感觉。

3.6.3 常见色分析

	天蓝色：清凉	天蓝色是日常生活中常见的色彩，清凉感较强，为很多人喜欢。
	深蓝色：深远	深蓝色在表现出蓝色知性气质的同时，还有着能够深入人心底的力量。
	蔚蓝色：爽快	蔚蓝色既有着蓝色的理性，又流露出爽快的感觉，会让人觉得自然而平静。
	矢车菊蓝色：纯粹	矢车菊蓝色比较深厚，所以蓝色的洁净感更为强烈。搭配高明度色系，可以表现得较为清爽。
	国际旗道蓝：理智	国际旗道蓝色很有存在感，给人一种知性和理智的感觉。
	普鲁士蓝色：庄重	普鲁士蓝色虽然看起来是一种蓝色浓厚的鲜艳色彩，但因色调较暗，所以给人以沉着冷静、庄重的印象。

	水晶蓝：清凉	水晶蓝比较偏蓝色并且清凉感更强，是日常生活中常见的色彩，亲近感强，为很多人喜欢。
	皇室蓝：格调	皇室蓝表现出理智和权威性，是个格调很高的色彩，会让人感觉到倨傲的气势。

3.6.4　猜你喜欢

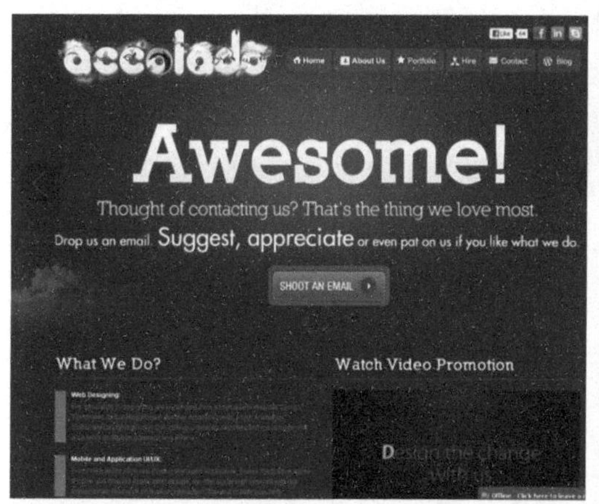

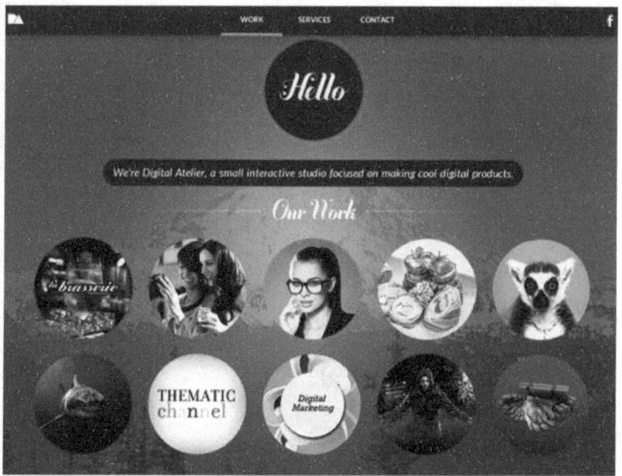

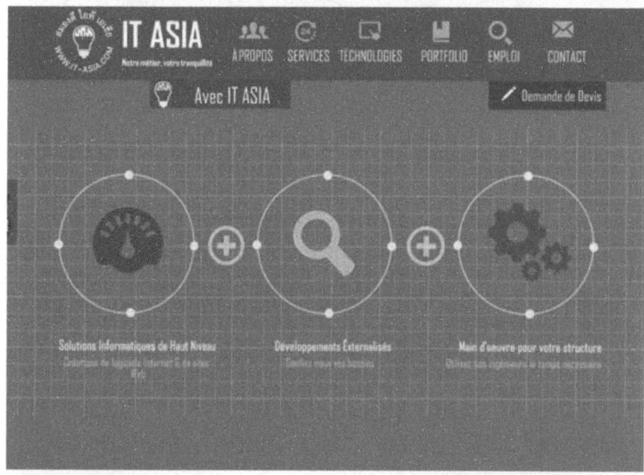

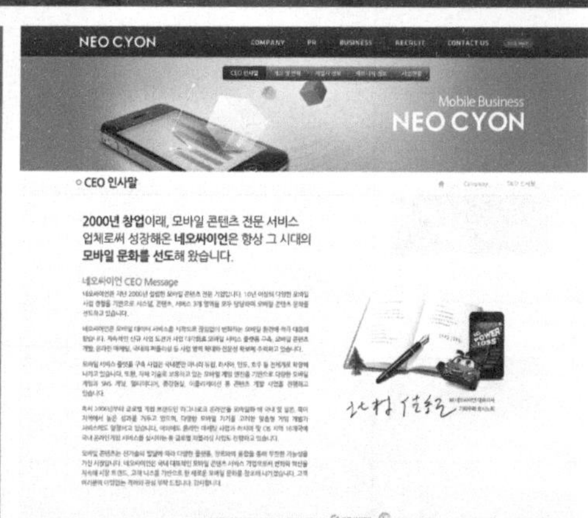

♣3.7 紫

3.7.1 浅谈紫色

紫色：在中国古代紫色是尊贵的象征，例如“紫禁城”、“紫气东来”。紫色是红色加上青色混合而来，它代表着神秘、高贵。偏红的紫色华美艳丽，偏蓝的紫色高雅、孤傲。

正面关键词：优雅、高贵、梦幻、庄重、昂贵、神圣。

负面关键词：冰冷、严厉、距离、神秘。

紫藤	木槿紫	铁线莲紫
28,43,0,38	21,49,0,38	0,12,6,15
丁香紫	薰衣草紫	水晶紫
8,21,0,20	6,23,0,31	5,45,0,48
紫色	矿紫	三色堇紫
0,58,0,43	0,11,3,23	0,100,29,45
锦葵紫	蓝紫	淡紫丁香
0,50,22,17	0,35,20,18	0,5,3,7
浅灰紫	江户紫	紫鹃紫
0,13,0,38	29,43,0,39	0,34,18,29
蝴蝶花紫	靛青色	蔷薇紫
0,100,30,46	42,100,0,49	0,29,13,16

3.7.2 应用实例

✤ 作品利用颜色的明度与纯度为画面营造了空间感。

✤ 作品通过色相的推移使版面颜色变化丰富，类似色的配色原理使页面色调统一。

✤ 低纯度、中明度的灰色背景给人一种舒缓、温和的视觉感受，加上高纯度的绿、黄、洋红色进行点缀，使整个版面颜色变化丰富。

3.7.3 常见色分析

	铁线莲紫色：温柔	铁线莲紫色是温柔的红紫色，它既有着神秘幽幻的印象，又隐约有着粉色温柔的感觉。
	紫丁香色：浪漫	紫丁香色可以给人一种讲究、浪漫的印象。根据配色的不同还可以表现出华丽的感觉，可以用作珠宝设计的印象色。
	薰衣草紫色：高尚	薰衣草紫色是一个让人感觉到高尚品格的色彩，这一紫色和缓而平静，根据配色的不同可以演绎出摩登或华丽的效果。
	紫色：神圣	紫色是一个能完美地表现出紫色特质的色彩。单独使用可以更加表现出神圣感。
	三色堇紫色：思虑	三色堇紫色是一个色彩偏红色、引人注目的强烈色相，给人一种思虑的印象。
	蔷薇紫：怀旧	蔷薇紫是一种低纯度的淡紫色，从这个印象柔和他色相轻浅的色彩中，可以感觉到亲切与怀旧。

	淡紫丁香色：萌芽	淡紫丁香色非常柔和明亮，搭配同样色调的色彩，可以表现温柔可爱的萌芽效果。
	浅灰紫：诡异	浅灰紫有着不可思议而诡异的感觉，暗藏的紫色的象征意义仿佛呼之欲出，性质复杂，根据配色表现多彩图景。

3.7.4 猜你喜欢

3.8 黑

3.8.1 浅谈黑色

黑色是黑暗的象征，既代表着死亡与悲伤等消极的情感，同时也包含一切色彩的尊贵色彩。作为无彩色，黑色吸收了所有的光线，所以在一些国家及地域被视为不吉祥的色彩，黑色代表崇高、坚实、严肃、刚健、粗莽。

正面关键词：力量、品质、大气、豪华、庄严、正式。

负面关键词：恐怖、阴暗、沉闷、犯罪、暴力。

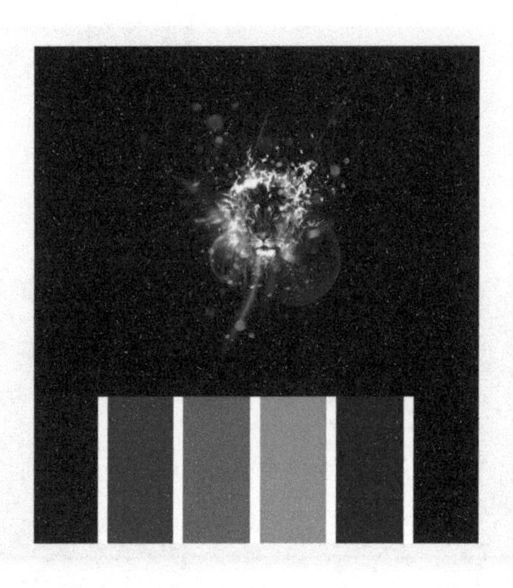

☞ 黑色的背景下所使用的颜色面积虽然不多，但由于黑色这一衬托放大的特性，而使其他颜色较容易引起公众的注意，充分发挥其设计意图。☜

3.8.2 应用实例

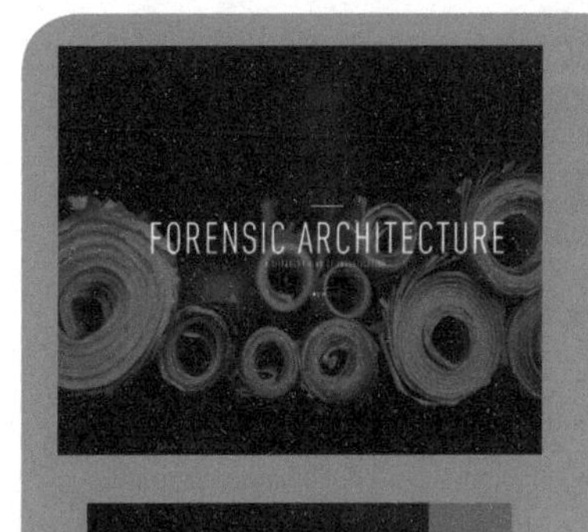

✤ 黑色的网页设计有一种神秘的美感，可以给用户最深刻的视觉印象和无限的想象。

✤ 在汽车主题网页设计中使用黑色调，可以使页面传递出品质、高端的视觉感受。

✤ 以黑色为主色调，利用蓝色进行调和，这样的配色方案给用户一种色调统一又富有变化的视觉感受。

3.8.3 猜你喜欢

pod1
CREATIVE
COMMERCE
COMMERCIALLY FOCUSSED
BUT CREATIVELY LED.
WE WORK HARD AND SMART
FOR OUR CLIENTS TO MAKE
THEIR ONLINE BUSINESS BETTER
FEATURED
WORK
KURT GEIGER / DESIGNER SHOES

thanks everyone!
about us
our work
contact us

크리티카 여름 대규모 업데이트
상상초월

SQUARESPACE
Create your own
SPACE
GET STARTED
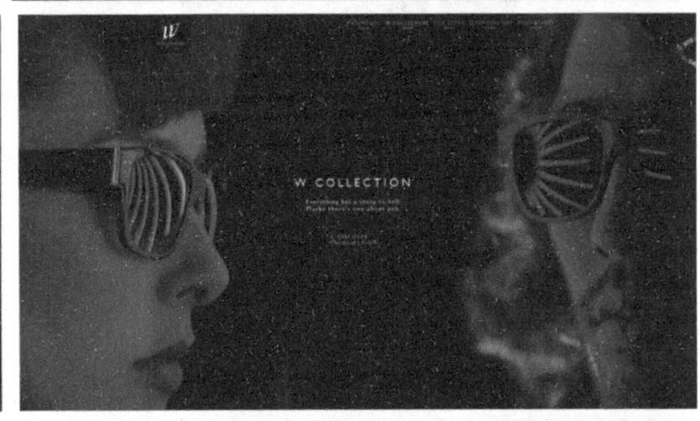
W COLLECTION

thanks everyone!
about us
our work
contact us
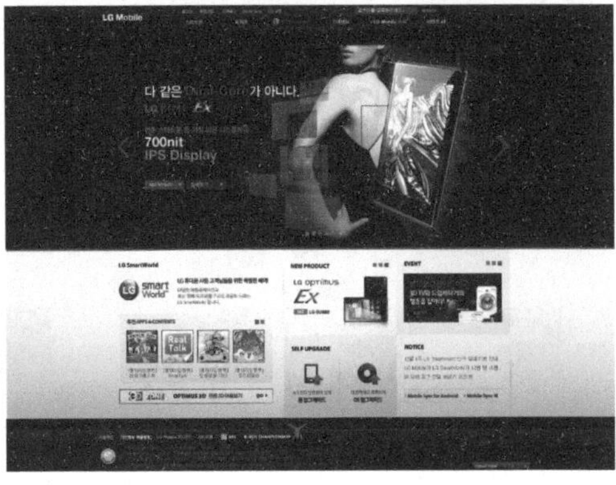
LG Mobile
700nit
IPS Display

♣3.9　白

3.9.1　浅谈白色

白色包含着七色所有的波长，堪称理想之色，色彩是通过光的反射产生的，白色象征着光芒，被人们誉为正义和净化之色。白色代表纯洁、纯真、朴素、神圣、明快。

正面关键词：整洁、感觉、圣洁、知性、单纯、清淡。

负面关键词：贫乏、空洞、葬礼、哀伤、冷淡、虚无。

☞ 白色是光明的代名词，一提起白色就会与明亮、干净、朴素、雅致等词联系在一起。当页面使用白色为主色时，不仅可以使页面明亮、欢快，还可以将主体突显出来。白色在所有色彩中是明度最高的色彩。☜

3.9.2　应用实例

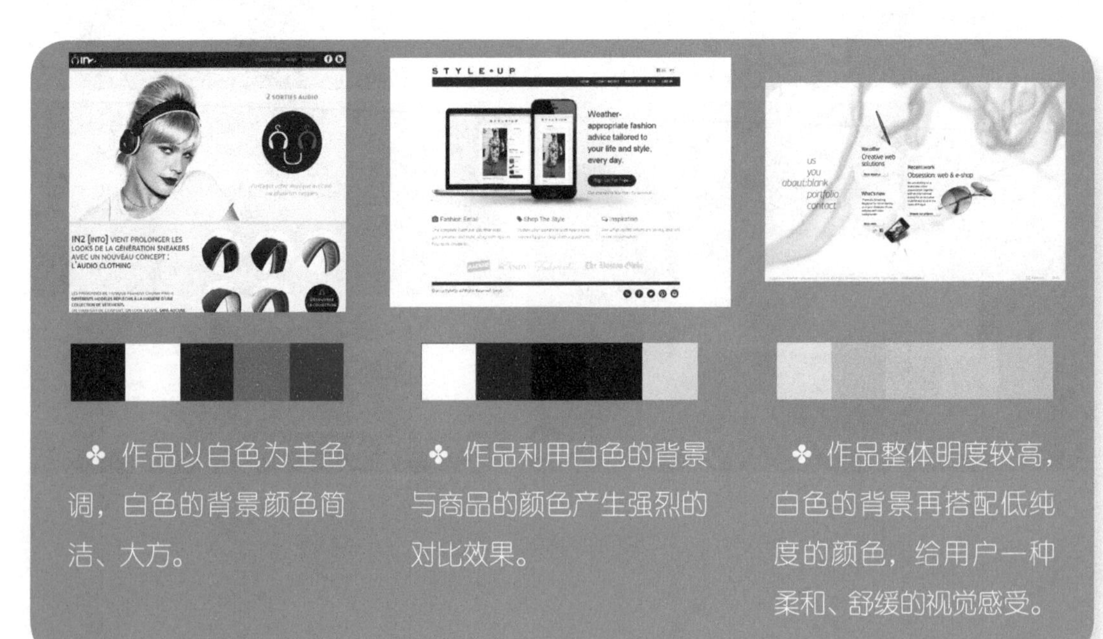

✤ 作品以白色为主色调，白色的背景颜色简洁、大方。

✤ 作品利用白色的背景与商品的颜色产生强烈的对比效果。

✤ 作品整体明度较高，白色的背景再搭配低纯度的颜色，给用户一种柔和、舒缓的视觉感受。

3.9.3 猜你喜欢

NEBO AGENCY
PARK 'N FLY
MICROSOFT
HARRY POTTER
THE PORTFOLIO OF
CASEY BRITT

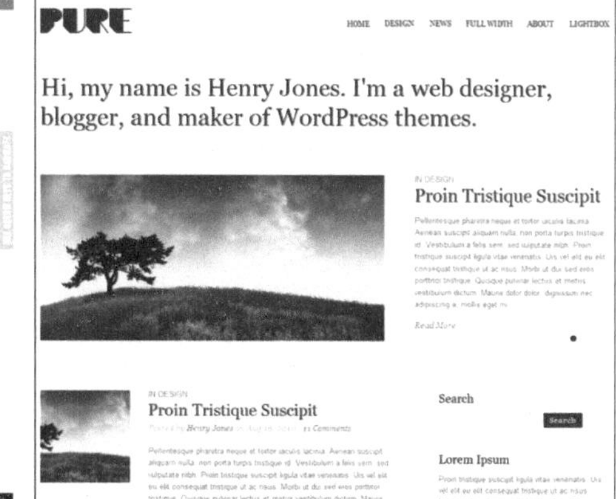
PURE
HOME DESIGN NEWS FULL WIDTH ABOUT LIGHTBOX
Hi, my name is Henry Jones. I'm a web designer, blogger, and maker of WordPress themes.
Proin Tristique Suscipit
Proin Tristique Suscipit
Search
Lorem Ipsum

2012
A READING LIST
CREATED BY SAWYER HOLLENSHEAD

BÄNDI OHJELMISTO KEIKAT GALLERIA YHTEYSTIEDOT SPONSORIT
Routalempi on
Kovassa nousujohteessa oleva nuorekas ryhmä, joka soittaa perinteistä suomalaista tanssimusiikkia ja pop/rock klassikoita 50-luvulta tähän päivään asti ja kaikkea maan ja taivaan väliltä.

CHIMP CHOMP
HOME // PORTFOLIO // ABOUT US // SERVICE // BLOG // CONTACT US

CHIMP & CHOMP

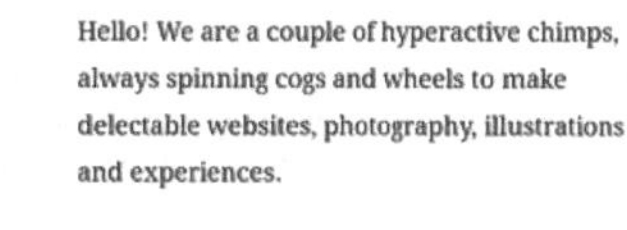
Hello! We are a couple of hyperactive chimps, always spinning cogs and wheels to make delectable websites, photography, illustrations and experiences.

Latest Projects
2012

Play music live with your friends online
ENTER

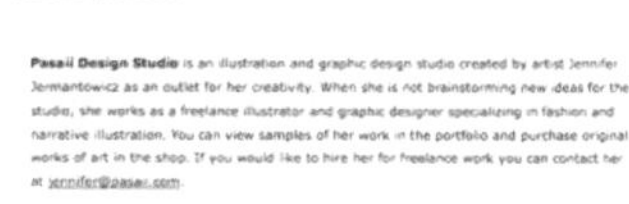
pasaii
design studio
blog about portfolio papere shop studio shop policies

♣3.10 灰

3.10.1 浅谈灰色

灰色是介于白色与黑色之间的色调，中庸而低调，同时象征着沉稳而认真的性格。不同明度的灰，会给人不同的感觉，灰色代表忧郁、消极、谦虚、平凡、沉默、中庸、寂寞。

正面关键词：高雅、艺术、低调、传统、中性。

负面关键词：压抑、烦躁、肮脏、不堪、无情。

10% 亮灰	20% 银灰	30% 银灰
0,0,0,10	0,0,0,20	0,0,0,30
40% 灰	50% 灰	60% 灰
0,0,0,40	0,0,0,50	0,0,0,60
70% 昏灰	80% 炭灰	90% 暗灰
0,0,0,70	0,0,0,80	0,0,0,90

3.10.2 应用实例

✤ 灰色调的背景给人一种静谧、安详的感觉，前景中添加青色进行辅助，使得文字部分更具吸引力。

✤ 蓝灰色调给人一种时间凝固的美感，前景中添加青色进行点缀，使画面色调统一。

✤ 作品通过明度的不断变换为画面营造空间感，灰色调的用色方案，给人一种低调、神秘的视觉感受。

3.10.3 猜你喜欢

human
WRIT.ES
Sign up for the latest updates as we square-up towards launch!
Sign Up

BAKERY MENU
CAFE MENU
PROMOTION
PARIS BAGUETTE
WEBZINE
BRAND STORY
OUR STORE
Our Store

Coming soon...
An assortment of beautiful and unique
items handmade by Natalie Moss from her
Garden studio on the Island of Jersey.

RICK & DREW
PRINT
DIGITAL
FILM
PHOTOGRAPHY
CONTACT

Etch
Etch
Chris Annetts

WORK
WHO?
Hello.
My name is Ian.
I'm a Freelance
Digital Designer.
Available
from June 18th

WEBDESIGN
HI!
My name is Benjamin Sheppard
I make websites, what's your name?
Thanks for asking, My name is...
Click Here

第4章 网页布局技巧与色彩

Part Four

Wang Ye Bu Ju Ji Qiao Yu Se Cai

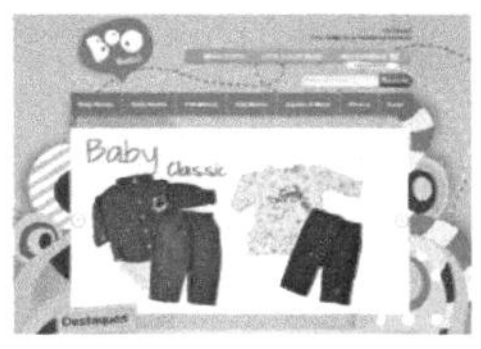

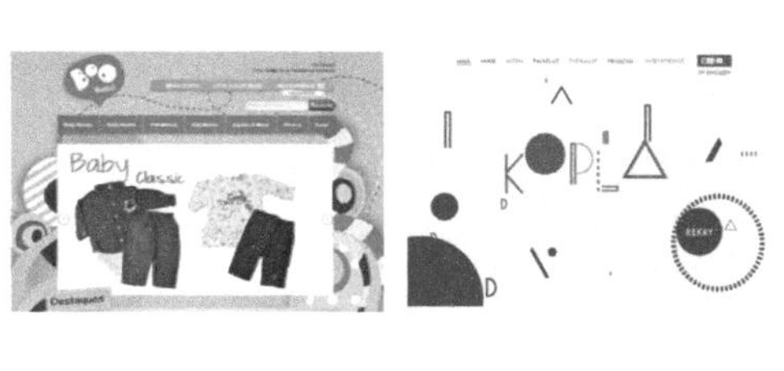

♣ 4.1 网页布局的基础知识

网页的布局设计，就是指按照一定的规律把网页中的图像和文字等元素排列到最佳的位置。分割、组织和传递信息并且使网页易于阅读，使界面具有亲和力和可用性是网页设计师应有的职责，只有这样，用户才能更快、更方便地找到吸引他的东西。

网页布局的流程：首先要确定网页的版面率（网页中留白区域的面积），然后使用“网格设计”的方法对页面进行整体布局，最后再对网页进行局部布局。

在设计网页效果图之前，应该对所设计的网页进行一个整体的布局，这样做的好处是可以明确网页的整体结构，一般称为绘制布局草图。在设计之前，要在纸上或者使用电脑软件绘制出页面版式草图，以供设计时参考。一般情况下布局网页时通常有两种方案，一种是纸上布局法，另一种是软件布局法。

（1）纸上布局法 纸上布局法是通过手绘的方式在纸上勾勒出网页的大体轮廓，设定好每个模块的相应尺寸。这样就可以避免在设计网页布局内容时无从下手的情况。

（2）软件布局法 如果设计者不喜欢在纸上画草图，可以采用软件布局的方式来完成。通常会使用平面类设计软件，例如 Photoshop、Illustrator 等软件。利用软件进行布局，可以对颜色、图形等进行方便的处理，达到无法在纸上实现的效果。

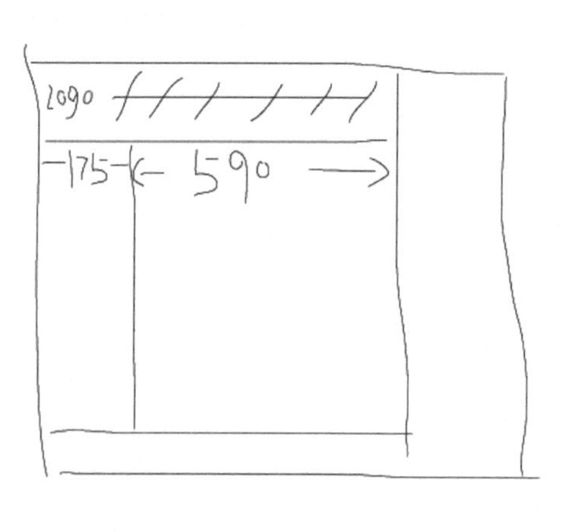

纸上布局法

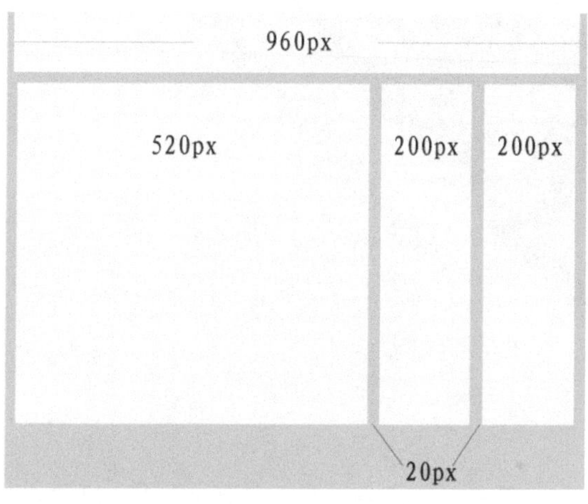

软件布局法

♣ 4.2　黄金分割式布局与左右对齐式布局

✎ 黄金分割式布局：黄金分割比例会给人一种完美的视觉享受。

✎ 左右对齐式布局：没有浪费空间，表现商业性形象。

☛ 黄金分割在造型艺术中具有美学价值，采用这一比值能够给人以美感，在实际生活中应用也是非常广泛的。左右对齐式的布局方式不仅出现在网页设计中，在海报设计、版式设计中也是经常出现的构图手法。☚

4.2.1 黄金分割式布局

✎ **色彩说明：** 作品整体色调为绿色调，通过类似色的配色方案进行色彩搭配，使画面色调统一，为用户营造了视觉上的平衡感。

✍ **设计理念：** 将页面拆分为三部分，中间的内容区域占大部分的版面。这样的布局设计可以使用户在浏览网页时思路清晰，方便使用。

❶作品利用明暗对比的原理使主体部分突显出来。
❷作品中图文并茂，生动有趣。
❸作品整体布局严谨，相互关联密切。

✌ **色彩延伸：**

4.2.2 左右对齐式布局

✎ **色彩说明：** 深蓝色的色彩搭配给人一种神秘、安静的美感，利用颜色明度的不断变化为画面营造出强烈的空间感。

✍ **设计理念：** 左右对齐式的布局方式可以充分利用网页中的每一寸空间，使整体布局紧凑，信息传递性强。

66,41,0,83
74,46,0,65
0,94,44,23

❶作品整体结构紧凑，条理分明。
❷每个模块采用半透明的底色设计，可以增加版面的空间感。
❸使用洋红色进行点缀，使画面颜色丰富，变化多样。

✌ **色彩延伸：**

4.2.3 动手练习——修改背景颜色

在本案例中，修改之前页眉中的文字与背景中的图片的颜色太过相近，不便于阅读。而且，文字在图片的对比下失去了原有的吸引力。经过对背景图片的模糊处理，前景中的文字被突显出来，使整个版面层次分明。

Before:	After:

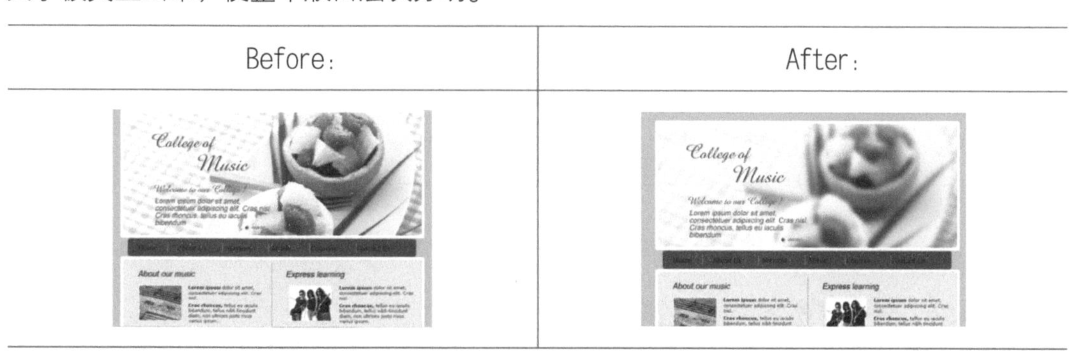

4.2.4 设计师谈——黑色配色方案

在网页配色中，可以根据网页的定位，为网页量身定做一套黑色的配色方案。

时尚大牌	男性硬朗	低调华丽
黑色调的配色方案，搭配文字、装饰元素 ，使画面产生了一种时尚、大牌的视觉感受。	以黑色为主色调，添加金属光泽，使整体色调粗犷、大气。	在黑色调的衬托下，商品发出清冷的光芒，使整个画面低调而华丽。

4.2.5 配色实战

双色配色	三色配色	四色配色	五色配色

4.2.6 常见色彩搭配

期盼		余香	
微雅		回忆	
情调		情怀	
倦怠		酸涩	

4.2.7 猜你喜欢

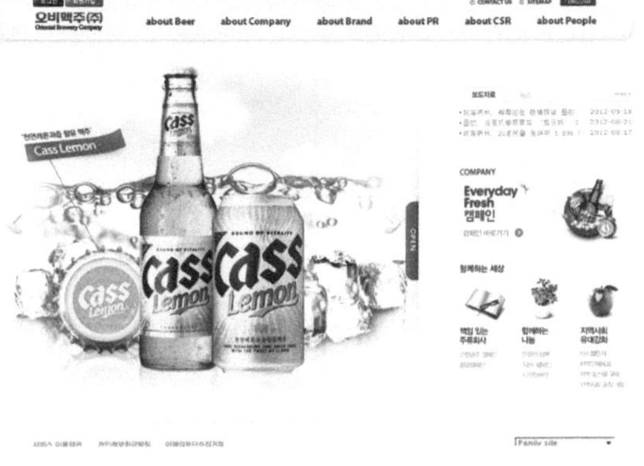

♣ 4.3　全景式布局与卫星式布局

✎ 全景式布局：全景式布局通常使用趣味性、新颖性吸引用户，通常给用户一种舒展、大方的视觉感觉。

✎ 卫星式布局：以各种元素环绕主体式进行布局，为用户营造开放、自由的空间。

☛ 全景式的布局方式通常给人一种开阔、辽阔的视觉感受。卫星式的布局方式，就像地球绕着太阳，二者相互联系、相互依存。☚

4.3.1 全景式布局

✎ **色彩说明：** 绿色调的配色方案给人一种自然、绿色的视觉印象。

✍ **设计理念：** 作品采用俯瞰图的形式，远望整体，视线从哪个角度都可以进入页面，一个自由的世界就在眼前展开了。

33,0,100,69
0,6,100,31
4,0,7,11

❶ 作品视野开阔，视觉冲击力强。
❷ 作品整体色调和谐、统一。
❸ 全景式的布局方式使版面更加开阔。

✌ 色彩延伸：

4.3.2 卫星式布局

✎ **色彩说明：** 作品用色简单，白色的背景给人一种干净、大方的感觉，经过深红色的调和，使画面富有动感。

✍ **设计理念：** 以商品为中心，其他元素环绕主体部分，让用户沉浸在可以自由参与的开放空间中。

0,0,0,1
0,36,44,54
0,100,100,65

❶ 作品用色简单，方便用户的理解与记忆。
❷ 作品构图井然有序，落落大方。
❸ 作品文字与图案并存，画面生动、有趣。

✌ 色彩延伸：

4.3.3 动手练习——使用点缀色

在本案例中，修改之前整个画面呈无彩色，画面过于单调、乏味。经过修改，适当地添加了点缀色，使原本单调的画面变得灵动、活泼了。

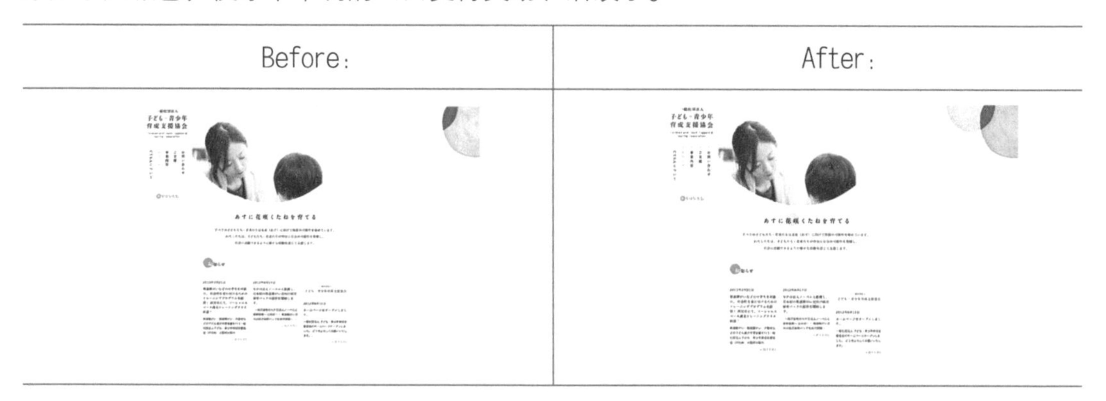

4.3.4 设计师谈——按钮的设计

按钮是网页最重要的组成元素之一，是用户和网站进行交互的重要桥梁。设计按钮时，设计师需要从整体设计的角度考虑按钮的风格，以便和页面的其他部分很好地融合。

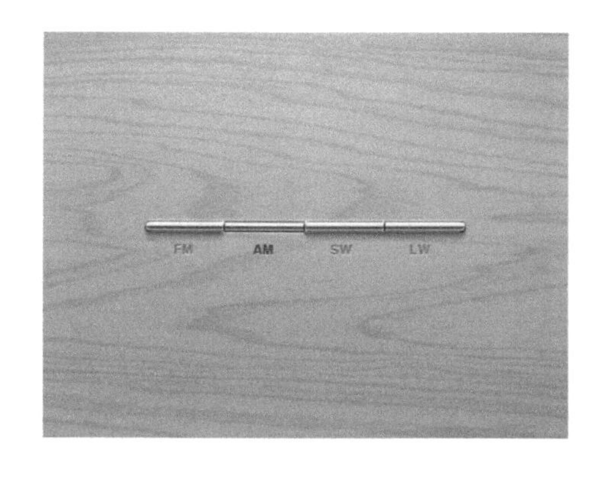

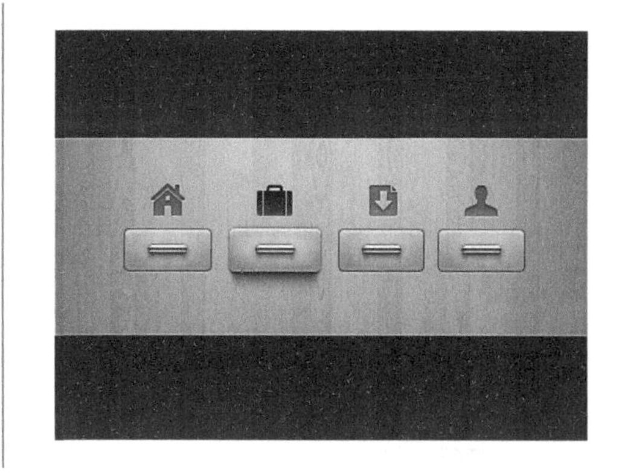

4.3.5 配色实战

双色配色	三色配色	四色配色	五色配色

4.3.6 常见色彩搭配

田间		品味	
任性		气质	
柔美		忧郁	
风霜		古板	

4.3.7 猜你喜欢

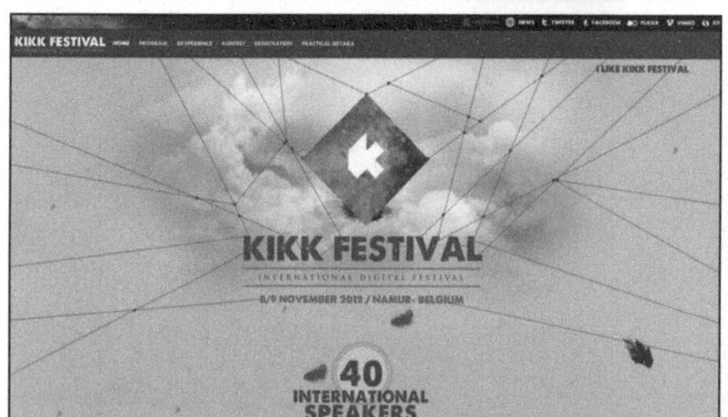

♣ 4.4 照片组合式布局与包围式布局

✎ 照片组合式布局：照片经过组合后会产生新的情趣，显示出全景式的效果。

✎ 包围式布局：将页面四周用边框或者团包围起来，封闭的空间给人一种安全感，产生一种信任、稳定的感受。

☛ 照片组合式的布局方式在当下的网页设计中是很常见的，用不同的照片组合成一幅画，从全新的视觉给人以新潮、个性的视觉体验；包围式布局方式通常会限定范围，利用前景与背景的相互对比使画面空间感强烈。☚

4.4.1 照片组合式布局

色彩说明：黄色与蓝色相互搭配，使画面产生了强烈的视觉冲击力，经过白色的调和，不仅减少了画面的刺激感，也使画面更加生动、有趣了。

设计理念：将多张照片进行组合，少量的文字信息具有轻松的自由感。

100,33,0,41

0,30,84,0

0,22,43,5

❶作品将图片进行分割，以不同角度展示商品，展现了页面的多元化。

❷作品鲜活的色彩搭配可以牢牢抓住用户的眼球。

❸将照片进行组合，并搭配其他时尚元素使整个页面内容丰富、饱满。

色彩延伸：

4.4.2 包围式布局

色彩说明：作品利用明暗的对比效果使文字部分更加清晰、明亮。

设计理念：将主要内容集中在一个模块内，封闭的空间给人集中、踏实的感觉。

0,9,51,0

0,30,44,80

0,87,87,38

❶作品空间感强烈，使视觉重心更加集中。

❷作品用色简单，红色和绿色的添加，使整个页面更加活泼、有趣。

❸背景中添加了暗纹，使得背景内容丰富，又不会很抢眼。

色彩延伸：

4.4.3 动手练习——LOGO 的设计

网站的 LOGO 作为网页的组成部分，有着特殊的意义。在本案例中，修改之前的网站 LOGO 导航只是简单地放置在导航栏上，这不免有些枯燥、单调。经过修改，改变了导航栏的形状，这样的改变不仅使页面气氛更加活跃，也使得 LOGO 更加醒目、抢眼。

Before:	After:

4.4.4 设计师谈——扁平化

扁平化这个概念最核心的地方就是放弃一切装饰效果，诸如阴影、透视、纹理、渐变、立体等。所有元素的边界都干净利落，没有任何修饰，使得界面干净整齐、简洁大方。

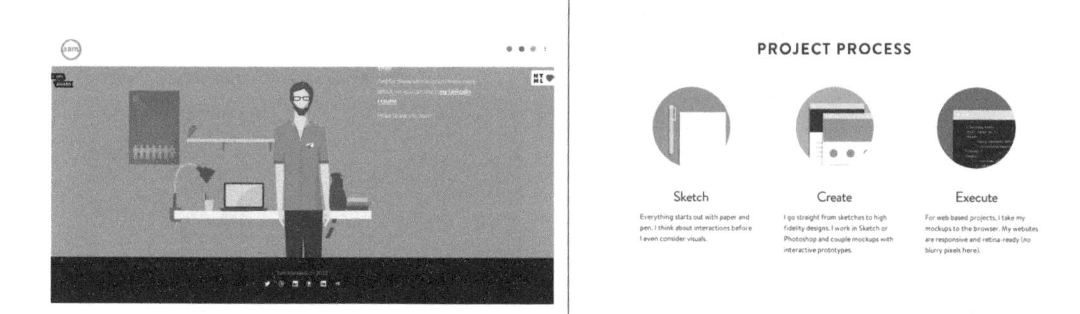

4.4.5 配色实战

双色配色	三色配色	四色配色	五色配色

4.4.6 常见色彩搭配

纯正		自然	
别致		温情	
情愫		情怀	
反省		清风	

4.4.7 猜你喜欢

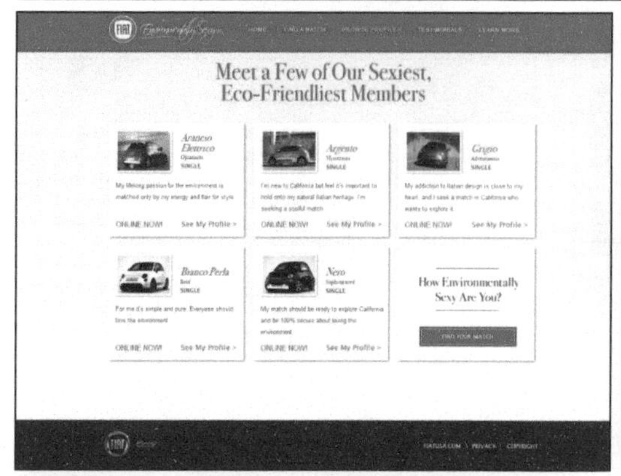

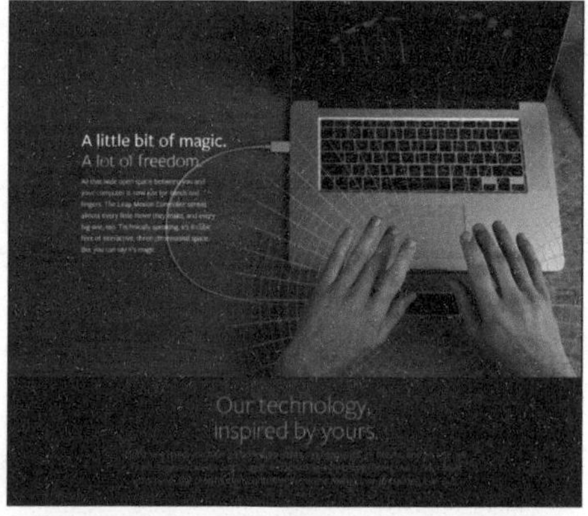

♣ 4.5　散开式布局与对称式布局

✎ 散开式布局：这种布局方式是无规则排列，体现自由、舒展的感觉。

✎ 对称式布局：这样的布局方式给人稳定、庄重、理性的感觉。

☞ 在网页设计中散开式的布局方式犹如水墨画般自由、洒脱、随性、自然，而对称式的布局方式，又给人以理性、严谨的美感。无论哪种布局方式，都有自己独有的特色，只有把握住网页布局的重点，才能创作出优秀的网页设计作品。☜

4.5.1 散开式布局

✎ **色彩说明：**作品为中明度色彩基调，这样的配色方案应用在网页设计中可以给用户一种柔和、舒服的视觉感受，使用户的视线可以更长久地停留在页面中。

✍ **设计理念：**作品散开式的布局设计使画面产生了一种自由、运动的感觉。

0,35,40,76
52,4,0,31
22,0,7,21
4,0,26,10

❶作品利用天空为背景，使画面空间感强烈。

❷作品插画式的内容，增加了页面的故事性。

❸作品中深色的导航栏有调和画面颜色的作用。

✌ **色彩延伸：**

4.5.2 对称式布局

✎ **色彩说明：**灰色调的配色方案，给人一种质朴、干净、单纯的感觉，虽然页面中内容丰富，但是并不杂乱。

✍ **设计理念：**将页面中的内容以相对对称的方式进行摆放，规整又不死板。

0,2,11,14
42,0,61,74
0,0,0,78
0,91,65,16

❶作品为中明度色彩基调。

❷作品构图严谨、内容集中，给人一种充实的感觉。

❸作品中每个模块关联密切，相互依存。

✌ **色彩延伸：**

4.5.3 动手练习——提高颜色的纯度

一般情况下，高纯度的颜色对视觉都会产生影响。但是搭配得得体不仅不会让用户眼花缭乱，还可以突出网站的主要内容。在本案例中，修改之前的颜色纯度较低，无法吸引用户的注意。经过修改后，提高了颜色的纯度，画面颜色更加鲜活，更容易提起用户的浏览兴趣。

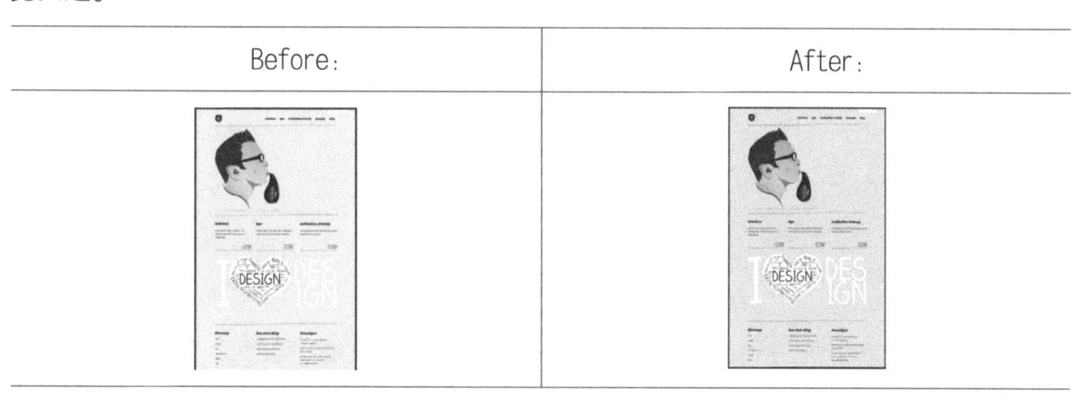

4.5.4 设计师谈——留白

从艺术角度上说，留白就是以“空白”为载体进而渲染出美的意境的艺术，留白不是指留下白色，也可能是其他颜色。在网页设计中留白不意味着页面的信息容量降低，反而会提升文字、按钮等元素的存在感，更能提升存在感。

4.5.5 配色实战

双色配色	三色配色	四色配色	五色配色

4.5.6 常见色彩搭配

倦怠		隐藏	
约定		大胆	
张扬		文风	
神往		随心	

4.5.7 猜你喜欢

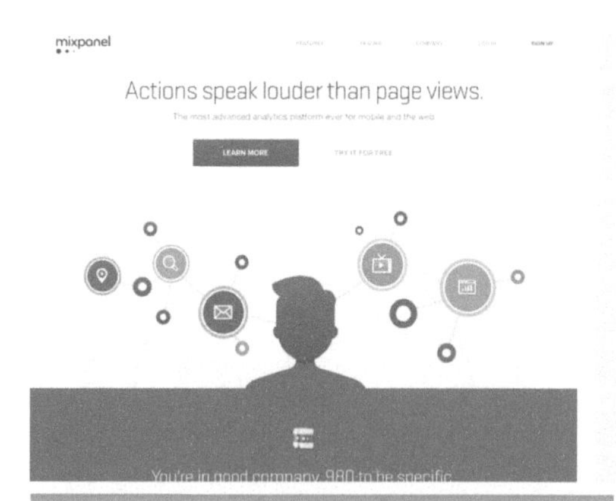

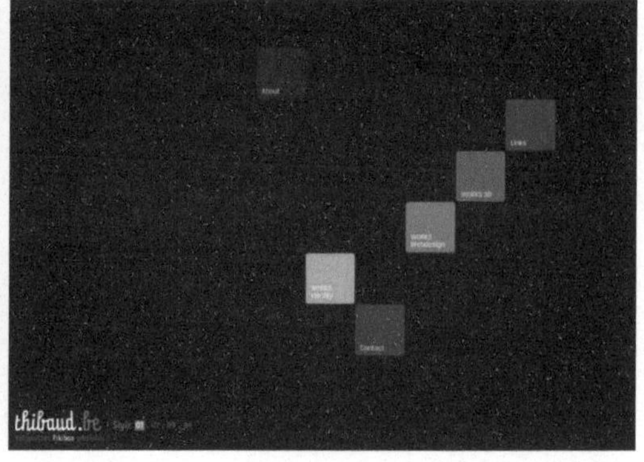

第5章 网页色彩的视觉印象

Part Five

Wang Ye Se Cai De Shi Jue Yin Xiang

♣5.1 女性

5.1.1 甜美

✎ **色彩说明：**粉红色是女性的颜色，作品采用了粉红色调，使用水青色作为点缀色，使整个页面流露出女性独有的甜美与可爱。

✍ **设计理念：**作品虚实结合，空间感强烈。将导航放置在页面左侧，打破了常规的设计，使页面更加新颖。

0,17,18,11

0,53,36,4

63,0,1,25

❶作品色调统一、色彩和谐，符合女性柔情的主题。

❷作品虚实结合，空间感强烈。

❸作品手写体的文字搭配，使用得恰到好处。

✌ **色彩延伸：**

5.1.2 时尚

✎ **色彩说明：**作品为中明度色彩基调，利用同类色的搭配原理，使画面色彩和谐、统一，为视觉营造了一种平衡感。

✍ **设计理念：**作品利用大面积的留白为页面营造空间，使页面中的人物更加突出。利用配色、文字等元素使页面看上去更大气、更时尚。

0,2,7,5

0,10,24,18

0,9,8,56

❶作品中的文字采用左右对齐的方式，使画面看上去更加规整。

❷作品通过颜色的变换为画面营造了宽广的空间。

❸简洁的页面设计，使用户在使用时更加方便。

✌ **色彩延伸：**

♣ 5.2　男性

5.2.1　理智

✎ **色彩说明：**作品主要为无彩色配色方案，利用灰色调的配色方案使画面产生一种理智、稳重的气氛。

✍ **设计理念：**作品时尚而大气，扁平化的界面设就像男人的气质，干净、利落，与网站的主题相吻合。

1,0,1,22

0,0,0,83

0,20,48,24

❶利用黄褐色作为点缀色，使画面变化丰富、不单调。

❷作品灰色调的配色方案象征着男性的绅士。

❸作品中文字居左对齐，符合人的阅读习惯。

✌ **色彩延伸：**   

5.2.2　坚韧

✎ **色彩说明：**该网页为低明度的色彩基调，整体给人一种严肃、刚毅、坚韧的感觉。

✍ **设计理念：**该网页为海报型的布局方式，以整幅图像作为背景给人一种大方、舒展的感觉。

0,0,0,0

❶该网页中的内容较少，前景中白色的文字显得非常显眼。

❷ 画面中背景图像制作成半透明的效果，给人一种朦胧、神秘的感觉。

❸ 这是一个个人网站，以黑色为主色调具有非常强烈的个人主义色彩。

✌ **色彩延伸：** 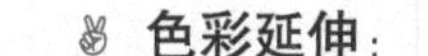 

5.3 儿童

5.3.1 可爱

✎ **色彩说明：**该网页为高明度色彩基调，画面颜色丰富。整体色调轻柔、可爱，符合儿童主题。

✍ **设计理念：**该网页以图案作为诉求方法，让访客在短时间内理解网页中的信息，为其留下良好的印象。

5,8,21,0

0,85,58,0

32,13,18,0

❶ 该网页主体色调比较柔和，点缀色有很多，这样的搭配既能表现出一种温柔、安静的感觉，又能表达可爱、活泼的感觉。

❷ 在该网页中导航栏位于画面的左侧，且所占的面积比较大，方便用户的使用。

❸ 画面中每个图形的边缘都是曲线的，这种设计方法可以给人一种温柔、体贴的心理感受。

✌ **色彩延伸：**

5.3.2 活力

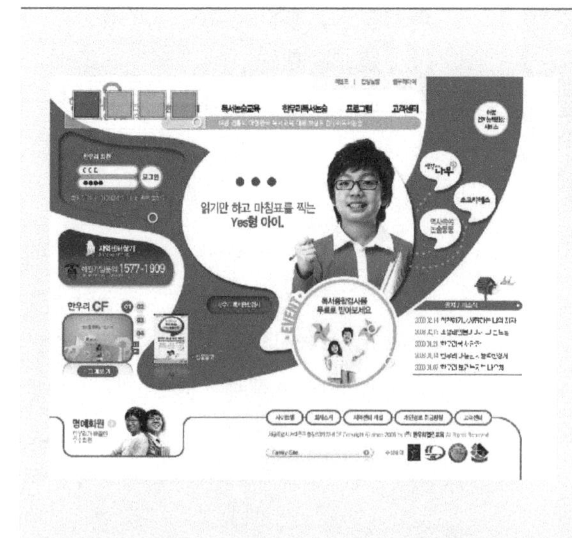

✎ **色彩说明：**作为高明度色彩基调，橘色给人一种活力、热情的视觉感受。

✍ **设计理念：**作品利用颜色的分布使页面产生了流动感觉，使页面气氛更加活跃。

0,63,86,6

31,0,73,20

0,11,82,11

96,25,0,7

❶ 作品经过白色的调和，减少了橘色的刺激感。

❷ 作品中的颜色纯度较高，这也是画面充满活力的主要因素。

❸ 作品中模块灵活，创新意识较强。

✌ **色彩延伸：**

♣5.4 老人

5.4.1 温暖

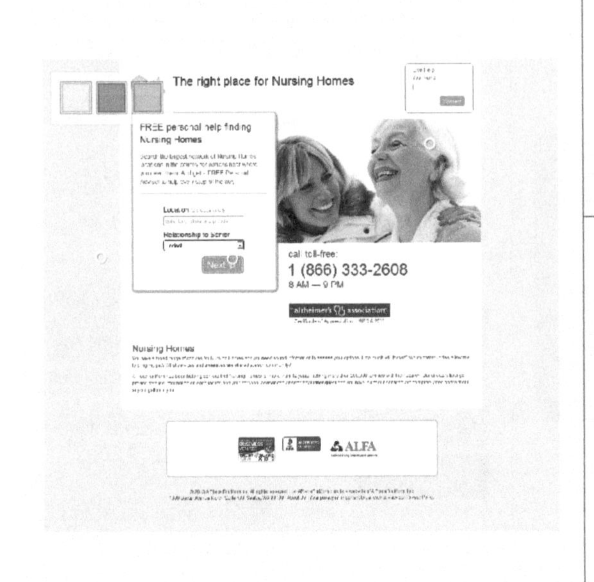

✎ **色彩说明：**作品为高明度色彩基调，浅色调的配色方案让人觉得温馨。

✍ **设计理念：**作品包围式的布局方式为页面营造了一种安全感，使视线更加集中。

11,8,0,3

21,0,79,28

0,2,8,23

❶作品构图简单，在用户浏览时可以减轻压迫感。

❷作品中老人欢乐的笑脸增加了页面温馨的氛围。

❸作品中部分模块添加了边框，使该模块更加突出。

✌ **色彩延伸：**

5.4.2 踏实

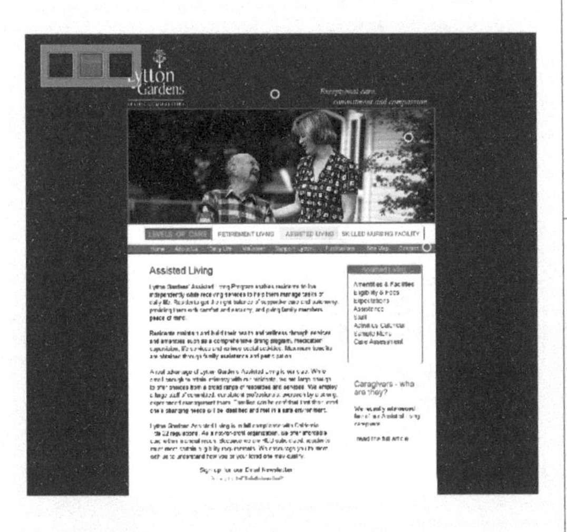

✎ **色彩说明：**作品为低明度色彩基调，绿色调的配色方案利用颜色面积为画面营造了踏实、稳定的气氛。

✍ **设计理念：**作品为包围式布局方式，使公众在浏览网页时条理更加清晰。

100,0,13,71

99,0,29,45

0,8,70,69

❶作品颜色简单，为画面营造了一种平衡感，层次非常分明。

❷作品通过布局方式增加了页面的空间感。

❸作品简约的导航栏，方便用户的使用。

✌ **色彩延伸：**

♣5.5　华丽

5.5.1　优雅

✎ **色彩说明：**作品为中明度色彩基调，棕色调的配色方案给人一种古朴、大气的感觉，这样的配色充分展示了女性的优雅与知性。

✍ **设计理念：**作品将时尚大片作为主体内容，使页面看上去时尚、大气。

15,43,0,82
0,7,12,32
0,17,21,34
29,8,0,67

❶作品为女性服装类网站设计，主题明确。
❷作品导航栏简单、精巧，与网站主题相符。
❸作品没有过多的文字，增加了版面的识别性。

✌ **色彩延伸：**

5.5.2　华美

✎ **色彩说明：**作品为红色调，同类色的配色方案使页面远看色调统一，近看变化丰富。

✍ **设计理念：**作品利用颜色的面积对比效果，使画面产生了一种华丽、华美的视觉感受。

0,100,99,20
0,97,96,47
0,95,47,49
0,10,11,60

❶作品红色调的配色方案，给人一种节日的喜庆感。
❷作品利用颜色的变化，使画面产生了空间感，并且引导人们的视线到画面中心。
❸作品中明度的色彩基调给人一种稳重的感觉。

✌ **色彩延伸：**

5.6 质朴

5.6.1 淳朴

✎ **色彩说明：** 作品利用明与暗的对比效果，使页面中的重点更加突出。

✍ **设计理念：** 作品将页面分为上下两个部分，上半部分用于导航，下半部分用于展示商品，这样的布局方式使版面清晰、明了。

0,32,51,47
0,8,8,51
0,13,14,11
0,10,33,38

❶ 作品利用中明度的色彩基调，给人一种纯朴、素雅的视觉感受。

❷ 作品导航栏的设计新颖、独特。

❸ 作品配色方案与商品的特点相呼应。

色彩延伸：

5.6.2 干净

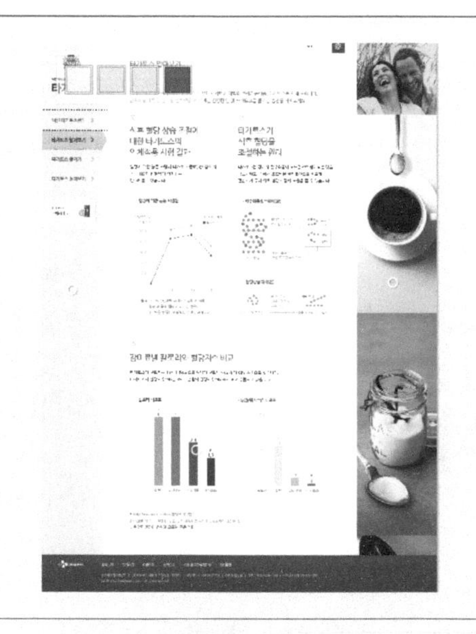

✎ **色彩说明：** 作品为高明度、低纯度色彩基调，简单的配色方案给人一种干净、纯真的视觉感受。

✍ **设计理念：** 作品将页面进行分栏处理，使整个页面规整、大方，使用户在浏览网页时思路清晰、明了。

7,0,5,9
0,4,9,13
0,9,20,7
0,29,68,34

❶ 作品干净的配色方案使人印象深刻。

❷ 作品色调柔和，使用户在浏览页面时产生赏心悦目的视觉感受。

❸ 作品图文并茂，内容丰富。

色彩延伸：

5.7 活泼

5.7.1 天真

✎ **色彩说明：** 作品为高明度色彩基调，淡绿色的底色营造了健康、活泼的气氛。使用胭脂红作为辅助色，使画面配色天真又不失活泼。

✍ **设计理念：** 作品版面大体分为左右两个部分，左侧的导航布局严谨，右侧的主体自由，画面整体张弛有度。

0,100,72,11
0,12,9,1
12,0,37,14
4,0,13,3

❶作品颜色明暗对比强烈，画面层次分明。

❷辅助色与商品的口味相呼应。

❸红色的文字在画面中特别突出。

✌ **色彩延伸：**  

5.7.2 活力

✎ **色彩说明：** 作品为中明度色彩基调，整体用色纯度较高，给人一种活力、鲜明的视觉感受。

✍ **设计理念：** 作品为包围式布局方式，这样的布局方式可以使人的视线更加集中。

0,16,100,0
0,7,96,0
0,99,88,27
99,36,0,7

❶作品利用数码照片为画面营造了一种强烈的空间感。

❷作品虽然颜色丰富，但是由于色彩面积较小，所以不会产生凌乱的感受。

❸作品利用明与暗的对比效果，使画面层次分明。

✌ **色彩延伸：** 

♣5.8 庄重

5.8.1 庄严

色彩说明：作品为低明度色彩基调，以黑色为背景色，灰色为前景色，明与暗的对比，使画面产生一种庄严感。

设计理念：作品为包围式布局方式，这样的设计使版面的空间感更加强烈。

0,0,0,100
0,0,0,44
0,0,1,26
0,6,10,6

❶作品用色简单，方便用户的理解与记忆。

❷作品布局方式简单，方便浏览者的使用。

❸严谨的布局方式给人一种高端、高档次的视觉感受。

色彩延伸：

5.8.2 稳重

色彩说明：作品为中明度色彩基调，不温不火的配色方式会给人一种踏实、稳重的视觉感受。

设计理念：作品内容丰富，利用稳重的配色方案减少了画面凌乱感。

0,2,11,3
1,0,38,44
28,0,36,32
0,19,47,39

❶作品中手写体的文字，与网页内容相呼应。

❷作品的设计风格为民族风。

❸作品利用橄榄绿点缀画面颜色。

色彩延伸：

5.9 兴奋

5.9.1 亢奋

色彩说明：作品为暖色调，黄色调的背景颜色使画面产生一种亢奋的视觉感受。

设计理念：作品为卫星式的布局方式，以文字包围视觉重心的方式，使用户的视线更加集中。

0,36,93,4
0,16,51,2
0,100,100,21

❶作品背景使用底纹，使画面看起来内容丰富。
❷作品将人物进行去色处理，这样的处理方式，使背景颜色更加鲜活。
❸作品利用明暗对比，使画面产生亢奋、兴奋的感觉。

色彩延伸：

5.9.2 刺激

色彩说明：该网页以绿色为主色调，以黄色作为点缀色。黄色与绿色为对比色，给人一种活力四射的感觉。

设计理念：这是一个海报型的网页布局方式，商品位于画面的中心位置，非常具有号召力。

75,5,95,0
7,3,86,0
10,4,9,0

❶该网页以绿色为主色调，选择这样的颜色主要是为了配合商品包装的颜色。
❷该网页中颜色比较简单，给人一种直白、坦率的感觉。
❸画面中的商品没有采用垂直摆放的方式，给人一种不稳定的感觉。

色彩延伸： 

♣5.10 沉静

5.10.1 安静

✎ **色彩说明：**作品为高明度色彩基调，淡蓝色的色彩基调给人一种安静、平和的视觉感受。

✍ **设计理念：**作品将导航放置在页面的右侧，独特的造型和广阔的空间给人留下深刻的印象。

35,4,0,16
6,0,1,1
78,46,0,20
16,0,100,33

❶作品以蓝色的天空为页面的重心，使画面空间感强烈。

❷作品色调柔和，使浏览者在浏览网页时心情舒畅。

❸作品采用邻近色的配色方案，使画面色调统一。

✌ **色彩延伸：**

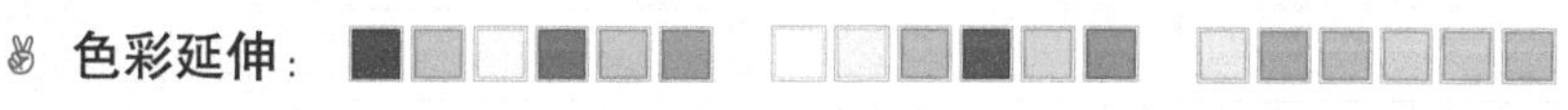

5.10.2 沉寂

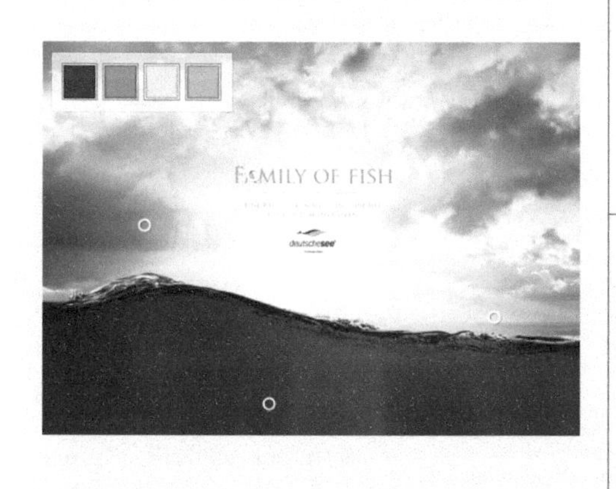

✎ **色彩说明：**作品为低明度色彩基调，青灰色调的配色方案，使画面产生一种沉寂、寂寞的视觉感受。

✍ **设计理念：**作品利用曲线将版面分为上下两个部分，使页面能自由呼吸。

46,18,0,62
15,3,0,32
12,7,0,5
28,1,0,20

❶作品以海浪和天空为视角，充满了无限的想象。

❷作品利用颜色明暗的对比效果，增加画面的视觉冲击力。

❸作品利用大图作为背景，使页面产生舒展、大气的感觉。

✌ **色彩延伸：**

5.11 温暖

5.11.1 温馨

✎ **色彩说明：**作品为高明度、低纯度的配色方案，淡黄色的底色，为页面营造了温馨、舒适的视觉感受。

✍ **设计理念：**作品页面内容丰富，各个元素相互衔接紧密。

0,9,35,0

0,2,14,4

20,0,50,15

0,37,37,0

❶作品柔和的配色方案可以增加用户浏览页面的时间。

❷作品活泼的色调与儿童主题相吻合。

❸作品中元素多元化，增加了页面的童真、童趣的欢跃感觉。

✌ **色彩延伸：**

5.11.2 和煦

✎ **色彩说明：**作品为中明度色彩基调，通过降低颜色的纯度，为画面营造出和煦、温和的视觉感受。

✍ **设计理念：**作品为包围式布局方式，这样的布局方式可以增加画面的空间感。

7,0,58,25

0,8,19,5

0,48,75,64

0,10,32,20

❶作品以食品的照片作为视觉重心，突出了网站的主题。

❷作品导航栏设计在页面的左侧，方便用户使用。

❸作品简约的设计，可以增加用户的记忆。

✌ **色彩延伸：**

♣5.12 凉爽

5.12.1 劲爽

✎ **色彩说明：**作品为蓝色调，以水的形式为画面增加冰凉、劲爽的气氛。

✍ **设计理念：**作品以大图的形式为画面增加大气、自由、舒展的感觉。配合文字说明，阐明了主题。

CMYK
61,47,0,37
46,0,28,28
46,0,28,38
0,18,100,0

❶作品中人物的造型突出画面自由、放纵的感觉。

❷作品以黄色为点缀色，可以增加画面的视觉冲击力。

❸作品中的文字位于页面中心位置，可以增加文字的信息传播力。

✌ **色彩延伸**：

5.12.2 冰凉

✎ **色彩说明：**作品为邻近色的配色方案，淡青色的配色方案，给人一种冰凉、凉爽的感觉。

✍ **设计理念：**作品为自由式布局方式，这样的布局方式给人一种放松、舒适的感觉。

CMYK
40,12,0,8
21,6,0,2
56,10,0,36

❶作品色调统一，在视觉上营造一种平衡感。

❷作品通过人物的动姿，增加了画面的动感。

❸作品将导航、信息集中在页面的左侧，方便用户使用。

✌ **色彩延伸**：

5.13 专业

5.13.1 品质

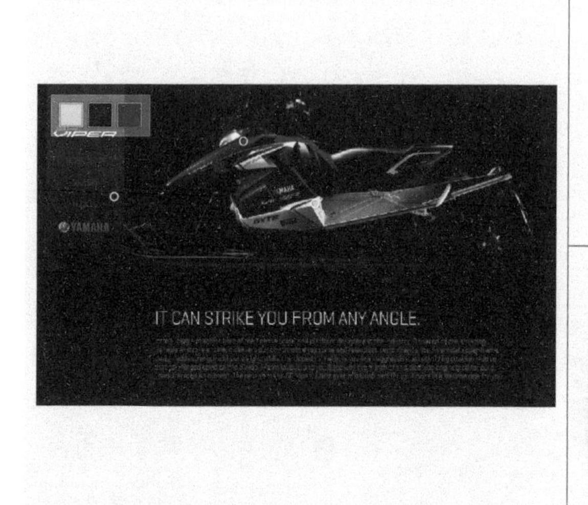

色彩说明：作品为低度色彩基调，以黑色为底色，以蓝色为点缀色，这样的配色方案给人一种品质、高端的视觉感受。

设计理念：作品居中式的布局方式使用户的视线更加集中，使人的视线能够自由流动。

0,0,1,16

0,0,0,86

100,86,0,20

❶ 作品色调统一、明暗对比强烈。

❷ 以黑色为页面主色调，这样的设计大胆、创新。

❸ 作品中，精致的导航栏与页面风格相统一。

色彩延伸：

5.13.2 专注

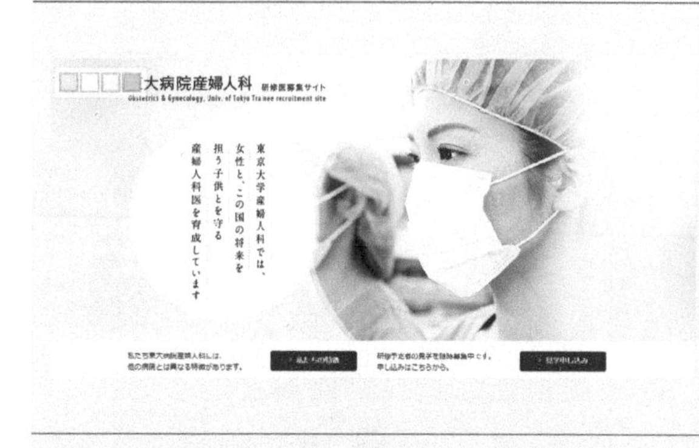

色彩说明：该网页以淡蓝色作为主色调，给人一种清爽、干净的感觉。

设计理念：这是一个医院的网站首页，海报型的布局方式给人一种大方、友好的视觉印象。

9,13,10,0

0,0,0,0

14,2,7,0

48,5,8,0

❶ 该网页以圆形作为主要的图形元素，给人一种柔美、温和的感觉。

❷ 从网页的配色到布局，都属于简约、清爽风格，这样的效果符合网站的主题。

❸ 网页中的理疗人员给人一种非常专业、专注的感觉。

色彩延伸：

♣5.14 时尚

5.14.1 新潮

✎ **色彩说明：** 作品为低明度色彩基调，利用颜色明度的不断变化，为画面营造强烈的空间感。

✍ **设计理念：** 作品满版型的构图方式给人一种大气、新潮的感觉。

0,20,35,82
0,27,52,68
0,9,18,25
0,81,58,13

❶作品棕色调的配色方案给人一种品质、时尚的感觉。

❷作品以洋红色为点缀色，使画面颜色变化更加丰富。

❸作品以低纯度的邻近色进行搭配，非常高雅。

✌ **色彩延伸：** 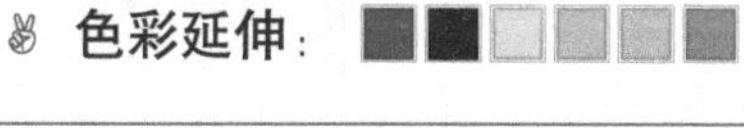

5.14.2 前卫

✎ **色彩说明：** 作品为中明度色彩基调，低纯度的背景搭配高纯度的前景，为画面营造了轻松、愉快的氛围。

✍ **设计理念：** 作品将页面中的文字制作成糖果的造型，创意的造型设计使画面创意感十足。

0,2,4,11
0,23,99,0
0,84,65,0
0,79,6,31

❶作品颜色纯度对比强烈，使人眼前一亮。

❷作品利用留白，为页面营造强烈的空间感。

❸作品中明度的色调，在视觉上营造一种舒适感。

✌ **色彩延伸：** 

♣5.15 雅致

5.15.1 精致

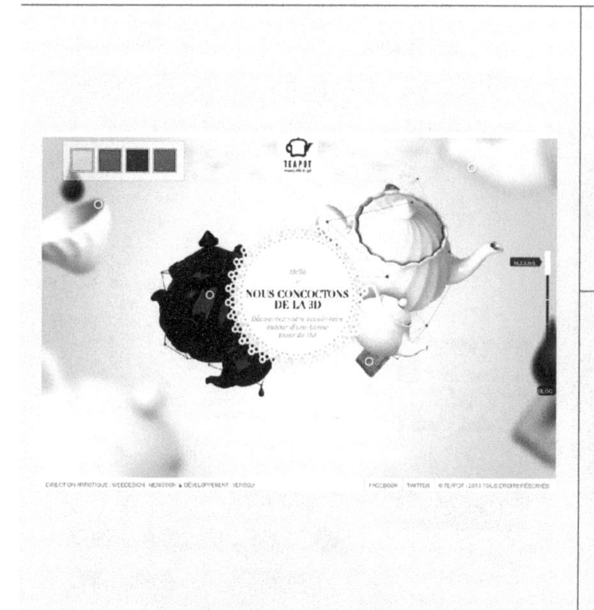

✎ **色彩说明：**作品为高明度色彩基调，浅灰色的背景颜色彰显了页面的大气与时尚。

✍ **设计理念：**作品将视觉重心放置在页面的中心位置，这样的设计可以使用户的视线更加集中。

0,0,0,17

0,0,0,51

0,0,0,71

0,21,66,31

❶作品利用近实远虚的原理为页面营造了强烈的空间感。

❷作品色彩以黑白为对比，视觉冲击力强。

❸作品灰色调的配色方案，使画面看起来更加精致。

✌ **色彩延伸：**

5.15.2 优雅

✎ **色彩说明：**作品为高明度色彩基调。高明度、低纯度的配色方案为画面营造了优雅、舒适的视觉感受。

✍ **设计理念：**作品满版型的构图方式，为画面营造了舒展、延伸、想象的感觉。

18,0,0,9

0,0,0,3

09,3,0

77,0,11,29

❶作品大面积的留白为画面营造了空间感。

❷作品颜色清新、淡雅，突出页面的优雅与别致。

❸作品颜色较轻，减轻了视觉上的紧张感。

✌ **色彩延伸：**   

♣5.16 环保

5.16.1 放心

✎ **色彩说明：** 该网页采用类色彩的配色方案，青绿色的背景色彩与绿色搭配，给人一种和谐中具有变化的感觉。

✍ **设计理念：** 海报型的布局方式给人一种非常直观的感觉，让访客在第一时间内了解网页的主题。

❶该网页颜色比较简单，纯色的背景给人一种简单、舒畅的感觉。

❷从画面中新鲜的蔬菜和文字信息（英文翻译：素食主义者）都向访客传递健康、自然、绿色这样的主题。

❸在该网页中留有大面积的空白，让视线集中在画面的中心位置，让信息得到很好的传递。

59,0,44,0 66,0,100,0 89,51,100,19 0,0,0,0

✌ **色彩延伸：**

5.16.2 健康

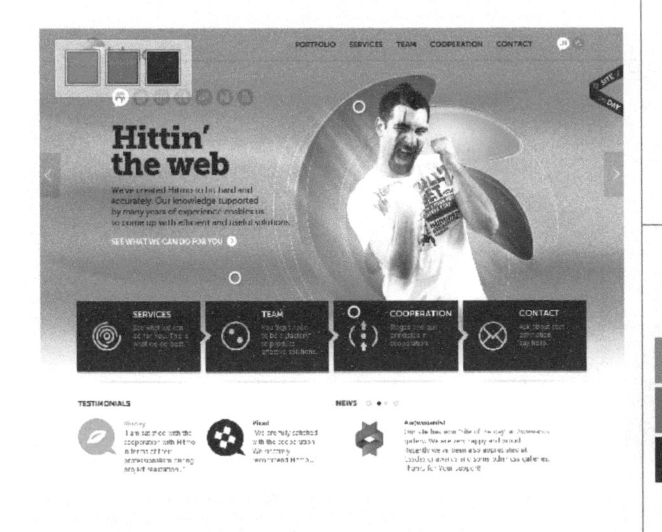

✎ **色彩说明：** 作品颜色纯度较高，高纯度的颜色，使页面看上去活泼、健康，充满活力。

✍ **设计理念：** 作品内容丰富，版面衔接紧密。用户在浏览网页时，可以更加全面、自由。

0,35,100,5
0,58,84,4
8,0,2,80

❶作品采用邻近色的色彩进行搭配，突显了年轻时尚的感觉。

❷作品简洁的导航栏，方便用户使用。

❸作品明暗对比强烈，层次分明。

✌ **色彩延伸：**

5.17 安全

5.17.1 安稳

✎ **色彩说明：**作品为低明度色彩基调，深灰色调的配色方案，给人一种踏实、安稳的视觉感受。

✍ **设计理念：**作品满版型的构图方式为画面营造了一种充实的感觉。

0,21,33,69

0,6,28,36

0,1,8,16

28,0,64,45

❶作品灰色调的配色方案，为画面营造一种平衡感。

❷作品文字简洁，增加了文字的信息传递性。

❸作品页眉和页脚颜色较暗，可以增加吸引力。

✌ **色彩延伸：**

5.17.2 安然

✎ **色彩说明：**作品为低纯度色彩搭配，深褐色的色调为画面营造了安然、稳定的视觉感受。

✍ **设计理念：**作品为包围式布局方式，这样的布局方式使页面的主体更加突出。

0,56,76,79

1,0,4,56

0,25,78,23

❶作品页面简约的布局给人留下深刻的印象。

❷作品从布局到用色都很简单，真正做到了简约不简单。

❸作品利用包围式的布局方式，非常简洁大方。

✌ **色彩延伸：**

♣5.18 信誉

5.18.1 大气

✎ **色彩说明：**作品为蓝色调配色方案，利用邻近色的配色方案使画面色调统一。

✍ **设计理念：**作品以大图作为页面主体，充分展示了页面的宽厚与大气。

92,50,0,60
62,6,0,9
69,41,0,79

❶作品中的配色为画面营造了一种平衡感。
❷作品利用颜色明度的不断变化为画面营造了强烈的空间感。
❸作品蓝色调的配色方案可以为用户留下深刻的印象。

✌ **色彩延伸：**

5.18.2 信任

✎ **色彩说明：**该网页采用高明度、低纯度的配色方案，整体给人一种柔和、温馨的感觉。

✍ **设计理念：**从画面中的人物形象可以看出这是一个妇产科医院的网页，孕妇的形象可以在第一时间内传递出网站的主题。这样精准的信息传递方式，是值得学习的

13,1,7,0
10,19,13,0
12,11,41,0
9,7,8,0

❶视觉中心的产妇形象与网页 LOGO 相呼应。
❷网页干净、清爽的配色方案给人一种友好、温和的心理感受。
❸通常曲线象征女性，在该网页中各种装饰都是采用圆形或曲线进行装饰，使画面效果看上去更加温柔。

✌ **色彩延伸：**

5.19 荣耀

5.19.1 华丽

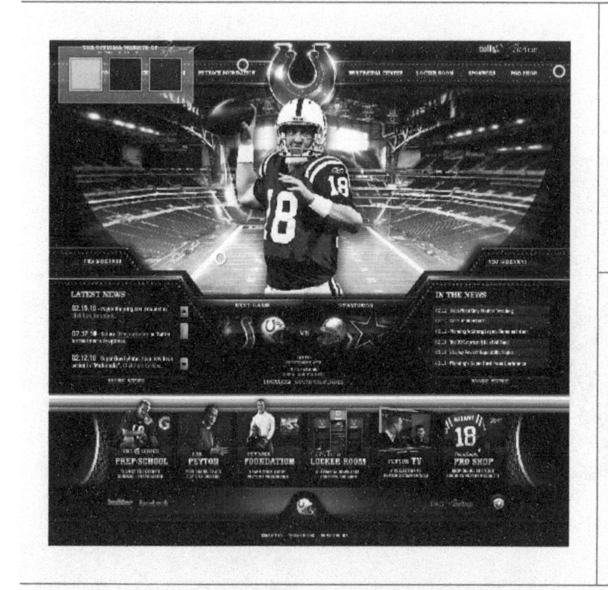

色彩说明：作品为邻近色配色方案，利用颜色的明度为画面营造一种华丽、酷炫的视觉感受。

设计理念：作品造型华丽，按钮、导航等元素造型风格统一，在视觉上营造一种平衡感。

41,14,0,4
81,82,0,64
99,57,0,54

❶作品主次分明，版面气氛活跃。

❷作品明暗对比强烈，画面视觉冲击力强烈，充满了科技感。

❸作品图文结合，各个模块联系密切。

色彩延伸：

5.19.2 光辉

色彩说明：作品为高纯度色彩搭配，背景选用鲜艳的橘色，不仅与商品颜色相呼应，还格外地吸引人的注意。

设计理念：作品利用不同面积的颜色将版面划分不同区域，这样的设计使页面主次分明。

0,51,92,8
100,64,0,12
14,0,75,8

❶作品颜色艳丽，这样的配色方案使人眼前一亮。

❷作品左右对齐的布局方式，使整个版面整齐、稳定。

❸作品中的黑色在页面中起到了调和画面颜色的作用，使其稳重。

色彩延伸：

♣ 5.20 美味

5.20.1 香甜

✎ **色彩说明：**作品为高明度的色彩搭配，白色的背景将洋红色突显得更加鲜艳、甜美。

✍ **设计理念：**作品自由式的布局方式增加画面的动感与活力。

0,53,18,8
0,79,18,31
0,18,5,8
70,27,0,10

❶ 作品使用洋红色为辅助色，这样的配色使画面弥漫着强烈的女性气息。

❷ 作品倾斜的色块和文字为画面增加了动感。

❸ 作品色调柔美、妩媚，令人赏心悦目。

✌ **色彩延伸：**

5.20.2 浓香

✎ **色彩说明：**作品通过食物、桌子的固有色，使画面颜色鲜艳、浓郁，富有食欲。

✍ **设计理念：**作品满版型的构图方式，为画面营造了舒展、宽广的视觉感受。

0,100,97,87
0,94,100,22
0,51,73,28
0,22,79,5

❶ 作品颜色纯度高，利用类似色的色彩搭配使画面色调统一、和谐。

❷ 作品利用颜色的纯度和色相增加了画面的食欲。

❸ 作品明暗对比强烈，视觉冲击力强。

✌ **色彩延伸：**

5.21 神秘

5.21.1 奇幻

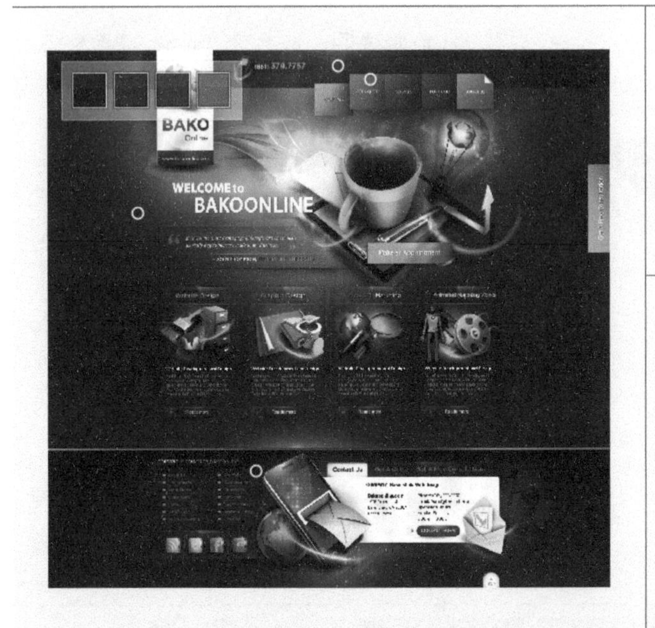

✎ **色彩说明：**作品为蓝色调的色彩搭配，通过明度的不断变化，为画面营造了神秘、奇幻的视觉体验。

✍ **设计理念：**作品严谨的构图方式，使页面思路清晰、明了。

94,76,0,73

98,60,0,50

99,30,0,55

0,30,100,20

❶作品邻近色的配色方案，使画面色调统一。

❷作品主次分明，条理清晰。

❸作品奇幻、神秘的配色方式格外吸引用户的眼球。

✌ **色彩延伸：**

5.21.2 深邃

✎ **色彩说明：**作品为低明度色彩搭配，用色简单、和谐，方便公众的理解与记忆。

✍ **设计理念：**作品图文并茂，简单的图案搭配简单的文字突显了页面的大气与时代感。

0,0,0,56

0,0,0,100

0,70,63,20

❶作品使用玫瑰红作为点缀色，打破了黑白灰的单调感。

❷作品黑白对比强烈，视觉冲击力强。

❸作品中文字居左对齐，这样的方式符合用户的阅读习惯。

✌ **色彩延伸：**

♣5.22 梦幻

5.22.1 绚丽

✎ **色彩说明：**作品为低明度色彩搭配，暗紫色调的色彩搭配与商品颜色相互呼应，打造了视觉上的平衡感。

✍ **设计理念：**作品画面整齐、简洁，文字规范、大方，方便用户使用。

0,67,72,51

8,61,0,67

12,53,0,40

❶作品色调统一，整体感极强，给人良好的印象。

❷作品通过颜色明暗的对比，增加了画面的可塑性。

❸紫色的主体产品，使人产生梦幻、绚丽的感觉。

✌ **色彩延伸：**

5.22.2 迷幻

✎ **色彩说明：**低纯度的红色与紫色相搭配，相似色的配色方案使画面充满迷幻、绮丽的视觉感受。

✍ **设计理念：**作品为自由式布局方式，这样的布局方式展示了网页的时尚与大气。

20,53,0,53

0,41,37,12

0,63,14,60

❶作品色调和谐，配色充满女性特点。

❷作品通过颜色的不断变化，活跃了画面的气氛。

❸作品虚实结合、空间感十足。

✌ **色彩延伸：**

♣ 5.23 自然

5.23.1 绿色

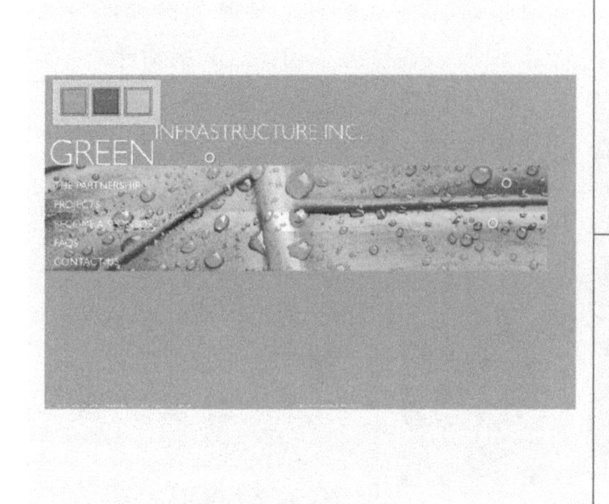

✎ **色彩说明：** 作品采用邻近色的配色方案，利用颜色明度与纯度的不断变换，使页面色调统一又变换丰富。

✍ **设计理念：** 作品中的文字简洁明了，图案内容简单，这样简约的设计使画面自然、清晰。

25,0,100,20
46,0,92,39
36,0,34,20

❶ 绿色调的配色方案可以减轻视觉上的紧张感。
❷ 作品个性、独特的页面布局，使人印象深刻。
❸ 作品邻近色的配色方案，使画面面色调统一、和谐。

✌ **色彩延伸：**

5.23.2 清新

✎ **色彩说明：** 作品采用高明度、低纯度的配色方案，各颜色之间相互映衬、相互作用，形成了完整的色彩体系。

✍ **设计理念：** 作品自由式的布局方式，为页面营造了轻松、愉悦的氛围。

13,0,63,17
20,0,18,13
0,34,94,0

❶ 作品中孩子欢乐的笑脸与配色方案相互呼应。
❷ 作品个性的导航栏，真正做到了画龙点睛。
❸ 作品中插画的运用使画面气氛更加活跃。

✌ **色彩延伸：** 

♣ 5.24 严肃

5.24.1 典范

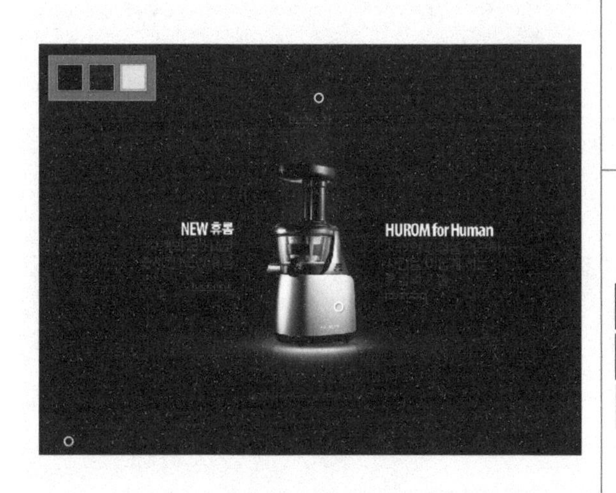

✎ **色彩说明：**作品为低明度色彩搭配，颜色单纯、简洁，明暗对比强烈。

✍ **设计理念：**作品卫星式的布局方式可以使页面中的商品更加突出。

0,0,0,99

0,0,0,86

0,0,0,0

❶ 作品利用大面积的留白为画面营造空间感。

❷ 作品背景中添加了暗纹，这样的设计使画面内容丰富。

❸ 作品黑白灰的配色方案给人以正式、典范的视觉感受。

✌ **色彩延伸：**

5.24.2 规范

✎ **色彩说明：**作品为中明度色彩基调，深褐色调的配色方案，彰显了页面的规范与大气。

✍ **设计理念：**作品将图片规整地集中摆放在页面中央位置，布局紧凑、严谨，突出了网站的规范、严肃。

0,21,38,87

0,11,21,65

0,22,43,47

❶ 作品颜色沉稳、大方，格调高雅。

❷ 作品中的图片排列规整，产生了秩序美感。

❸ 作品简洁的导航栏，方便用户使用。

✌ **色彩延伸：**

第6章 不同网站的网页色彩搭配

Part Six

Bu Tong Wang Zhan De Wang Ye Se Cai Da Pei

♣ 6.1 门户网页

6.1.1 什么是门户网站

门户网站指的是一个应用框架，它将各种应用系统、数据资源和互联网资源集成到一个信息管理平台上，并以统一的用户界面提供给用户，使企业可以快速地建立企业对客户、企业对内部员工和企业对企业的信息通道，使企业能够释放存储在企业内部和外部的各种信息。简单说，这个网站是进入互联网的入口，只要通过这个网站就可以获取你需要的所有信息，或者达到任何你想要达到的网站。

门户网站主要提供新闻、搜索引擎、网络接入、聊天室、电子公告牌、免费邮箱、影音资讯、电子商务、网络社区、网络游戏、免费网页空间等。

下图为德国T-Online门户网站，该网站提供新闻、生活、娱乐、商务等综合资讯的门户站点。

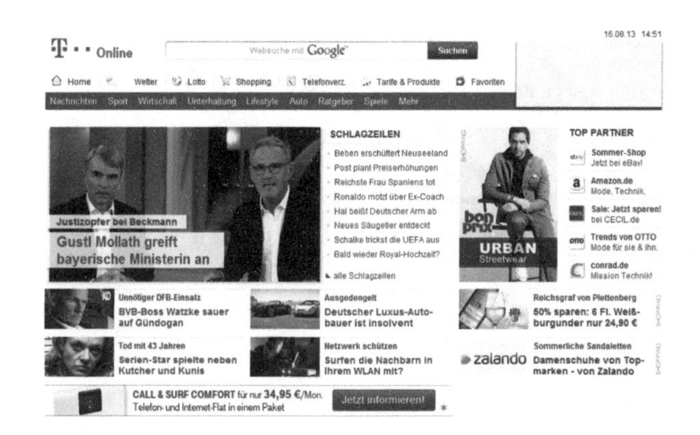

下图为韩国DreamX门户网站，该网站是韩国知名的门户网站之一，提供互联网资讯、时尚动态、明星八卦、韩国动态、购物、小说等内容。

6.1.2 案例分析

（1）多彩

✎ **色彩说明：** 作品为中明度色彩基调，颜色变化丰富，给人活泼、欢乐的视觉印象。

✍ **设计理念：** 作品根据颜色划分模块，使画面内容主次分明。

0,0,0,73
30,0,77,11
64,45,0,46

❶作品图文并茂，内容丰富。
❷作品模块非常规整，条理清晰。
❸作品以上下为深灰色，将中间的界面主体突显出来。

✌ **色彩延伸：**

（2）利落

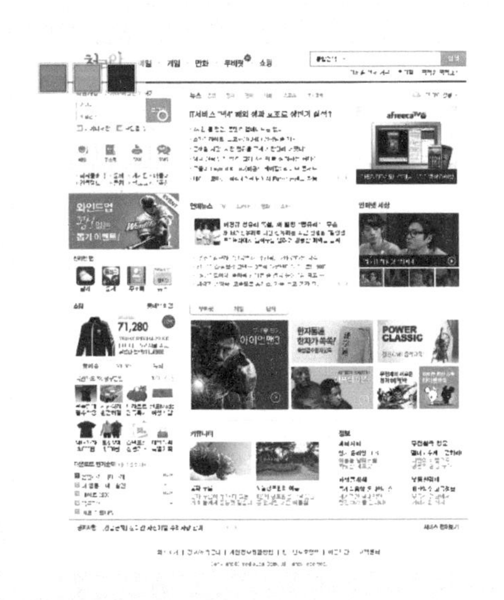

✎ **色彩说明：** 作品为高明度色彩基调，白色的背景给人一种干净、利落的视觉印象。

✍ **设计理念：** 作品内容丰富，简约的设计使用户在浏览页面时更加全面、清晰。

23,10,0,34
85,23,0,0
13,11,0,82

❶作品以白色为主色调，以蓝色为点缀色，这样的搭配干净、简单。
❷作品简洁的导航栏，与页面风格相统一。
❸作品简约的设计给公众留下深刻的印象。

✌ **色彩延伸：**

6.1.3 动手练习——降低文字的饱和度

现在有些网站的连接使用到蓝色的文字，颜色饱和度较高，虽然可以更容易地吸引用户的注意但是同样也会引起视觉上的疲劳感。经过修改降低了文字的饱和度，在阅读文字时不会产生刺激感。

Before：

- No matter the ending is perfect or not, you cannot disappear from my world.
- Promises are often like the butterfly, which disappear after beautiful hover.
- Why I have never catched the happiness Whenever I want you ,I will be accompanyed by the memory of...
- If you weeped for the missing sunset,you would miss all the shining stars
- If we can only encounter each other rather than stay with each other, then I wish we had never encountered.

After：

- No matter the ending is perfect or not, you cannot disappear from my world.
- Promises are often like the butterfly, which disappear after beautiful hover.
- Why I have never catched the happiness Whenever I want you ,I will be accompanyed by the memory of...
- If you weeped for the missing sunset,you would miss all the shining stars
- If we can only encounter each other rather than stay with each other, then I wish we had never encountered.

6.1.4 设计师谈——别忽视网页中的搜索框

搜索框通常位于网页界面的左上角或右上角，它可以帮助用户迅速地找到相关资料。就是这样小小的一个小方框，将其优化不仅仅是为了吸引用户的注意，更大程度上是为了留住用户，从而达到把网站中的信息快速地展示给用户的目的。

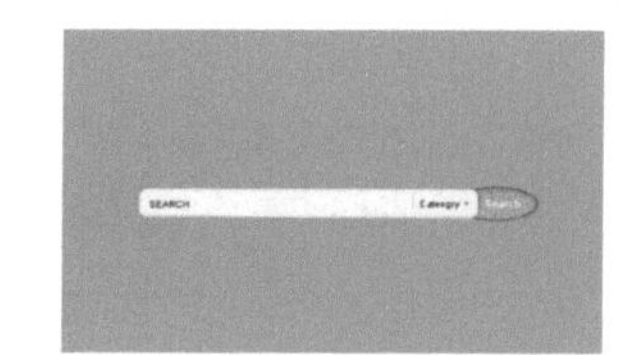

6.1.5 配色实战——扁平化网页的配色方案

双色配色	三色配色	四色配色	五色配色
Tuchuang Ltd. Illustrations B T Box Redesign Typistry Theme Typistry	Tuchuang Ltd. Illustrations B T Box Redesign Typistry Theme Typistry	Tuchuang Ltd. Illustrations B T Box Redesign Typistry Theme Typistry	Tuchuang Ltd. Illustrations B T Box Redesign Typistry Theme Typistry

6.1.6 常见色彩搭配

意志		娇惯	
亲善		纯粹	
激动		赋予	
贤淑		韵律	

6.1.7 猜你喜欢

@nifty
InStyle
newsdig
sky
Search
Home
Find & Watch TV
Sky Products
Shop
My Sky
Help & Support
Ray Donovan
More About Ray Donovan
Today
Latest News
Sky Sports
Watch With Sky
Get More From Sky
KOREA

6.2 企业网站

6.2.1 什么是企业网站

企业网站是企业在互联网上进行形象建设、产品宣传的窗口，不但对企业的形象有一个良好的宣传，同时可以辅助企业的销售，通过网络直接帮助企业实现产品的销售，企业可以利用网站来进行宣传、产品资讯发布、招聘等。随着网络的发展，网站可以为人们生活各个方面传递更多的资讯，如时事新闻、旅游、娱乐、经济等。

下图为苹果公司官方网站，白色调的配色方案简洁、大方，通过页面留白充分展示商品。整齐、简约的布局设计，彰显了网页的气度与品味。

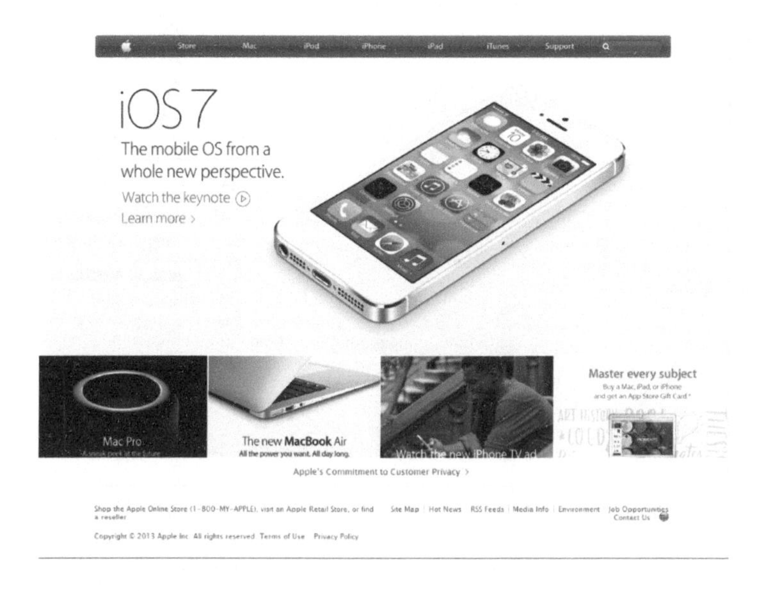

下图为香奈儿官方网站首页，黑底反白的文字视觉冲击力强。黑色调的配色方案散发着高品位的贵族气息。简约的布局方案亦如香奈儿时装的风格——简约、精美、高雅。

6.2.2 案例分析

（1）绚丽

✎ **色彩说明：**作品为高纯度色彩基调，紫色调的配色方案为画面营造一种神秘、华丽的视觉感受。

✍ **设计理念：**作品空间感强烈，使有限的页面空间创作出更加宽广的视线范围。

29,67,0,42 53,68,0,58 10,96,0,2	❶作品颜色分明，下半部分为黑色，非常引人注目，因此可以将部分内容放置到黑色区域。 ❷作品中洋红色的按钮在黑色的衬托下格外醒目。 ❸作品颜色丰富，色调统一、和谐。

✌ **色彩延伸：**

（2）干净

✎ **色彩说明：**作品为高明度色彩基调，高明度、低纯度的色彩基调为画面营造一种舒服、温和的视觉感受。

✍ **设计理念：**作品为包围式布局方式，将页面内容集中在一个模块中，使用户的视线更加集中。

0,56,81,5 0,13,21,1 96,30,0,25	❶作品中商品颜色纯度较高，更易吸引人的注意。 ❷作品干净的配色方案，与网页主题相呼应。 ❸作品颜色不多，并且产品颜色和网页颜色呼应，也传递出了企业的诚信。

✌ **色彩延伸：**

6.2.3 动手练习——增加页面空间感，集中用户视线

在本案例中，修改之前的界面比较松散，当用户在浏览该界面时，松散的界面使用户的视线无法很好地集中。经过修改，将原来的界面整体缩小，然后添加了背景图片，这样包围式的布局方式使得信息更加集中，还增加了画面的空间感。

Before：

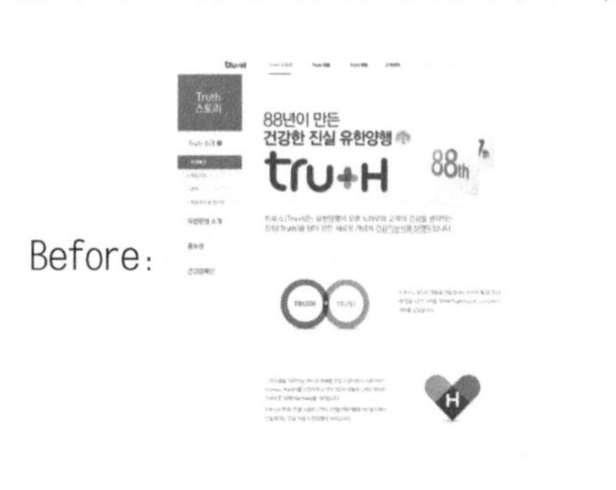

After：

6.2.4 设计师谈——企业网站的形象塑造

在现代社会人们已经离不开网络，企业网站是企业在网络中展示信息的平台，通过这个平台不仅可以提高企业的知名度，还可以为企业带来更多的利益。通过企业网站塑造一个良好的企业形象和品牌形象是非常重要的。在制作企业网站时，可以遵循以下几点原则。

（1）页面简洁明了

一个好的网站能让访客在第一时间找到需要的信息，而且整体给人一种简单、大方的感觉。整体的布局应该简单且有效，通过如段落的排版、字体的选择、图文的穿插等细节来提升网站的美感。

（2）注重留白

留白可以让画面更有空间感，更好地突出主题。也会令人感觉舒适、畅快，没有视觉压力。

（3）高品质图片

图片是组成网页的重要元素之一，它是渲染气氛的有效方式。一张高品质的图片，绝对可以提升网站的格调。

（4）文字的选择

文字既是传递信息的手段，也是一种图形符号。不同的字体、字号都能够给人一种不同的情感，所以文字的选择也同样非常重要。

（5）配色

配色是网页给访客的第一印象，和谐、得体的配色设计能够给人一种良好的视觉印象。若网页的配色混乱、毫无章法，则会给人一种粗制滥造的视觉印象。

6.2.5 配色实战——网页中点缀色配色方案

三色配色	四色配色	五色配色	六色配色

6.2.6 常见色彩搭配

自在		清爽	
品格		舒心	
娴雅		俏皮	
谦和		舒服	

6.2.7 猜你喜欢

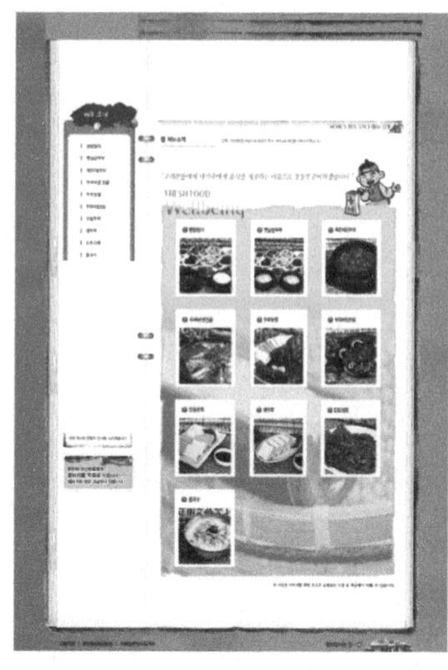

♣6.3 产品展示

6.3.1 什么是产品展示网页

产品展示类网页主要是将产品全面地展示出来，从而达到推广商品、促进销售的目的。通常情况，产品展示类网页的配色方案都会与商品相互呼应，从而使界面色调统一。

作品为汽车网站设计，使用大图为页面的视觉重心，给人一种宽广、辽阔的感觉。灰色调的配色方案与商品颜色相互关联。

作品为食品网站设计，以食品的照片为视觉重心不仅突出了网站的主体，还可以利用美食来吸引用户。

该网页为服饰类网站设计，通过人物的穿着和特殊的动作增加画面的感染力，从而增加页面的识别性。

6.3.2 案例分析

（1）温柔

✎ **色彩说明：**作品为高明度色彩基调，柔和的色调给人一种芳香、温和、不刺激的感觉。

✍ **设计理念：**在该网页中，将商品作为视觉重心，这样的视觉可以将商品展现出来。

0,0,0,80
0,35,10,6
0,91,1,21
0,3,0,11

❶作品满版型的布局方式舒展、大气。

❷导航栏采用黑色，使其在页面中更加突出。

❸将产品说明放置产品的旁边，起到了很好的说明作用。

✌ **色彩延伸：**

（2）奢华

✎ **色彩说明：**作品采用金色调的配色方案，采用这样的配色方案不仅与商品颜色相互呼应，还使画面产生一种奢华、高贵的视觉感受。

✍ **设计理念：**包围式的布局方式可以将用户的视线集中在商品上，给人以稳定感。

	配色	说明
	0,5,32,11 0,21,77,21 0,31,79,49 73,48,0,42	❶作品金色调的配色方案给人一种奢华的视觉感受。 ❷该网页的导航位于页面的左侧，方便用户使用。 ❸产品说明文字居中排列，给人以稳定、集中的感觉。

✌ **色彩延伸**：  

6.3.3 动手练习——减少画面颜色

同一页面内，如果使用过多的色彩，会分散注意力，使用户无法快速找到目标。在本案例中，修改之前的页面颜色过于丰富。经过修改，减少了画面颜色，这样就可以使用户在浏览该网页时，不会因为网页中颜色过多，而分散注意力。

Before：

After：

6.3.4 设计师谈——各国家的颜色内涵

各国的文化不同，所以每个国家都有属于自己的颜色内涵，这也是在设计中需要注意的事情。

红色（red）	✤ 在中国，红色是好运的象征，相对于蓝色，很多女性更偏爱于红色。
蓝色（blue）	✤ 在许多东方国家，蓝色代表永恒，蓝色在世界范围内是被尊敬的、表示崇高的颜色。
绿色（green）	✤ 在美国，绿色让人联想到金钱。
橙色（orange）	✤ 在美国有这样一种包装惯例，即用橙色表示其价格比较便宜。

黄色（yellow）	✤ 在亚洲人眼里，黄色是神圣的。与橙色相比，女性更喜欢黄色，因为它让人联想到温暖和乐观。
紫色（violet）	✤ 紫色会让欧洲人联想到悲哀，它也与新生代和新信仰相关，所以紫色的使用也备受争议。
黑色（black）	✤ 在大多数西方国家以及很多其他国家中，黑色都表示激动和死亡。
白色（white）	✤ 在大多数亚洲国家中，白色代表悲伤和死亡，但是在西方社会中却表示贞操、纯净。

6.3.5 配色实战——网页配色方案

三色配色	四色配色	五色配色	六色配色

6.3.6 常见色彩搭配

梦境		幽梦	
拂晓		温和	
温存		自然	
恬淡		干净	

6.3.7 猜你喜欢

6.4 购物网站

6.4.1 什么是购物网站

网上购物是一种新型而热门的购物方式，这样的购物方式让消费者的购物过程变得简单、方便、安全、快捷。

购物网站是指由卖方在网络上设立网站或者是网络平台业者集合各家商店等方式，提供各式各样的商品图片，提供网络使用者选择购买以进行贩卖。

下图为易趣网首页，高明度的色彩为页面营造了干净、整洁的视觉感受。整齐的布局方案更是让消费者在浏览网页时思路更加清晰。

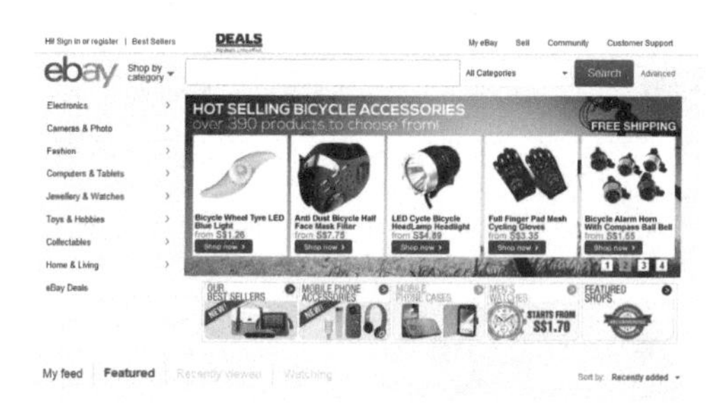

下图为韩国的购物网站，其严谨的构图方式和中明度的配色方案可以给用户一种自然、舒适的视觉体验。

下图为国外的某购物网站，该网站外观整洁，布局方式清晰合理，各页面风格协调、图文并茂，为用户提供了一个轻松、愉悦的购物空间。

6.4.2 案例分析

(1) 柔和

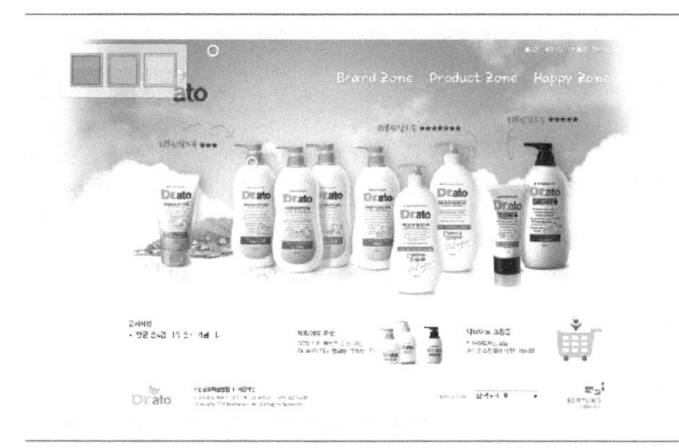

✎ **色彩说明：**作品为中明度色彩基调，柔和的蓝色调为画面营造一种放松、自然的气氛。

✍ **设计理念：**作品中的商品自由摆放，营造了一种自由的气氛，其他模块严谨、统一，方便顾客使用。

39,3,0,24

14,0,60,18

0,16,12,0

❶作品空间感强烈，主体突出。

❷作品色彩比较柔和、唯美，给人一种产品舒适的感觉。

❸作品底部留白，好像诠释了一种在云端的幻想。

✌ **色彩延伸：**

(2) 规整

✎ **色彩说明：**作品颜色中辅助色的颜色纯度较高，可以起到很好的突出主题的作用。

✍ **设计理念：**作品整齐、规范，这样严谨的布局方式可以使用户在使用时有更加开阔的视野。

	10,32,0,62 0,100,34,40 0,0,0,27	❶作品明暗对比强烈，视觉冲击力强。 ❷作品规整的界面给人一种信任感。 ❸作品用色简单，方便用户的理解。

色彩延伸：

6.4.3 动手练习——为留白空间添加装饰

在本案例中网站首页采用大面积留白的手法使画面简约、视觉效果集中，但是该网站主题为年轻女装网站，过于简单的配色使画面产生了单调感。经过修改，添加了低纯度的彩色色块进行装饰，这不仅不影响网页的整体色调，还可使画面产生活泼感。

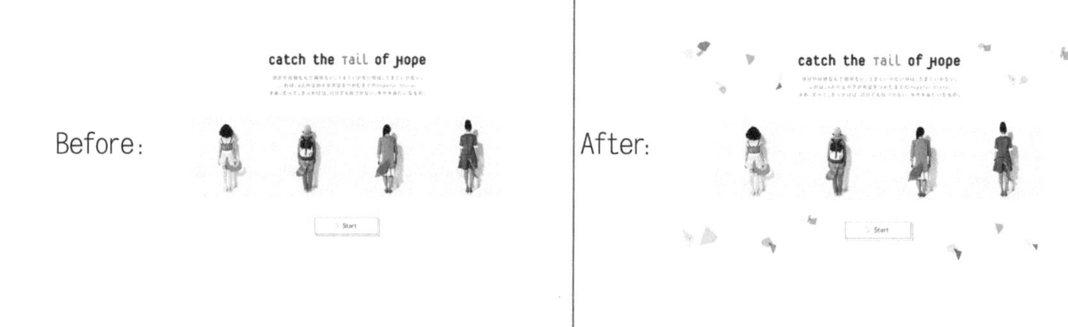

6.4.4 设计师谈——色彩激发你的购买欲

想要激发访客的购买欲望，那么首先要明白消费者属于哪种类型，是冲动型消费还是理性消费；其次定位消费人群，男性、女性、老人、小孩每类人群的色彩喜好都不同；最后要了解商品的特征，根据商品的特质去选定网页的配色。以下为几种常见色，以及色彩感觉。

黄色：年轻、乐观，用来吸引注意力。

红色：能带来紧急感，加速心跳，可用来吸引易冲动的购物者。 常用于促销、甩卖的页面中。

蓝色：可信和安全的感觉，适应于科技、家电等网页中。深蓝、藏蓝等低明度的蓝色适合理智型消费的页面。

绿色：给人一种富足、轻松、随和、健康的印象，比较适合应用在食品网页中。

橙色：给人一种热情、兴奋的感觉，可用来吸引冲动型买家。

粉色：给人一种温柔、浪漫的感觉，可用来吸引女性消费者。

黑色：黑色是很有形象力的颜色，可用来推销奢侈品，吸引冲动型买家。

紫色：紫色是一种温柔、平静的颜色，通常针对中年女性消费者。

6.4.5 配色实战——网页色彩搭配

双色配色	三色配色	四色配色	五色配色

6.4.6 常见色彩搭配

天真		柔情	
炫耀		俊秀	
甘甜		纯净	
娇羞		叛逆	

6.4.7 猜你喜欢

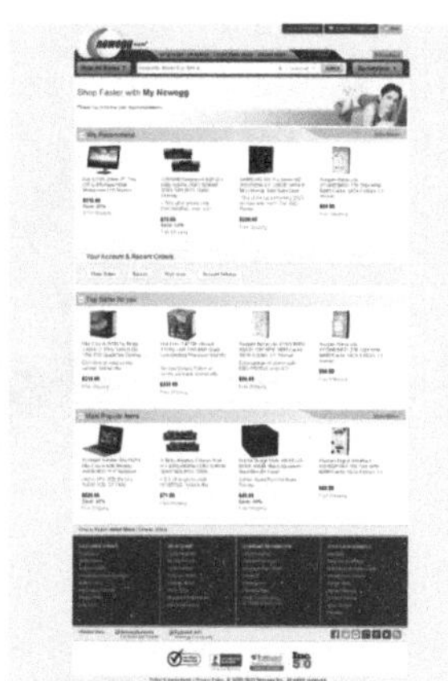

6.5 社交网页

6.5.1 什么是社交网站

社交网站是近些年来备受关注的网站类型，以交友、沟通同学感情为目的，拉近了人与人之间的距离。

1967 年，哈佛大学的心理学教授 Stanley Milgram 创立了六度分割理论，即你和任何一个陌生人之间所间隔的人不会超过六个，也就是说，最多通过六个人你就能够认识任何一个陌生人。按照六度分隔理论，每个个体的社交圈都不断放大，最后成为一个大型网络。这是社会性网络的早期理解。后来有人根据这种理论，创立了面向社会性网络的互联网服务，通过“熟人的熟人”来进行网络社交拓展。

全球著名的社交网站介绍如下。

（1）**Facebook**　Facebook 是最被广泛使用的社交媒体网站，在 Facebook 上，你可以添加别的用户为自己的好友，可以与他们交流、共享照片、状态。

（2）**Twitter**　Twitter 是一个实时信息网站，你可以将自己的最新动态、心情、想法或是各种新闻发到网上与他人分享。

（3）**LinkedIn**　被认为是世界上最大的职业社交网站，专为商务人士量身定做。在

LinkedIn 上，你可以找到收购方案、创业项目或自己感兴趣的新工作。

（4）**YouTube**　这是一个视频分享网站，用户可以上传、浏览或分享影片。网站还提供一个论坛链接，在论坛上，YouTube 用户可以互相交流信息。

（5）**Pinterest**　Pinterest 是一个照片分享社交网站，网站为用户提供“PinBoard（钉板）”，用户可以将自己感兴趣的照片张贴到“PinBoard”上并进行管理。

右图为韩国某社交网站，其页面颜色鲜艳活泼，高明度的色彩基调更受年轻人的青睐，可以吸引更多的用户加入。

右图为美国某家婚恋网站，网站的背景采用深色，这样可以使前景中的照片更加突出。规整的布局方式，给人一种安心、信任的感觉。

6.5.2　案例分析

（1）清爽

✎ **色彩说明：**作品为高明度色彩基调，整体颜色纯度较低，给人一种清爽、干净的视觉感受。

✍ **设计理念：**作品为自由式布局，将视觉重心设计成书的形象，使人感觉个性、与众不同。

39,0,4,11

0,69,67,1

0,25,46,24

67,0,58,36

❶ 作品扁平化的设计风格，符合时代潮流。

❷ 作品用色单纯，使整个画面颜色统一、协调。

❸ 作品以书本为造型，非常漂亮、个性。

✌ **色彩延伸：**

(2) 时尚

✎ **色彩说明：** 作品明暗对比强烈，利用有彩色与无彩色之间的对比使画面产生了强烈的视觉冲击力。

✍ **设计理念：** 作品将文字放置在页面的中心位置，这样的设计可以增加文字的信息传播力。

颜色	说明
37,67,0,79 53,86,0,20 37,50,0,16	❶作品利用倾斜的构图方式为画面营造了一种动感。 ❷作品紫色调的配色方案与倾斜的版面给人一种时尚、个性的感觉。 ❸作品统一的色调在视觉上营造一种平衡感。

✌ **色彩延伸：** 

6.5.3 动手练习——网站色调应该与产品相呼应

网站色调的选择应该与网站的主题相结合，该网站为柠檬口味饮料网站，修改之前的网站辅助色为粉色，这样的配色与网站的主题不和谐。经过修改后，将界面的辅助色更改为黄色，颜色与商品相互呼应，并且提高了网站的整体明度，突显了网站清新、阳光的主体。

Before：

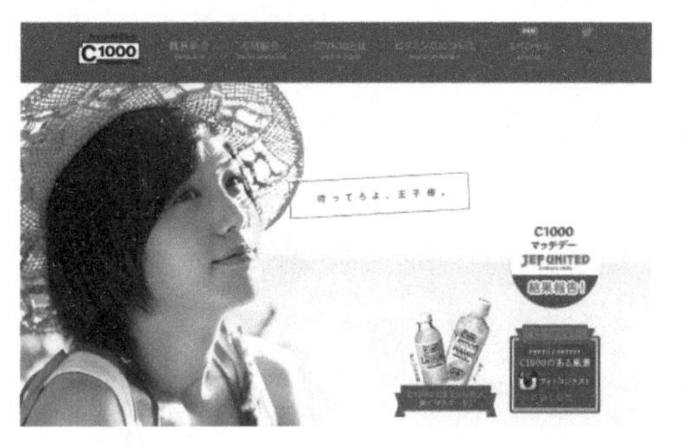

After：

6.5.4 设计师谈——网站设计中字体粗细的选择

文字是网页设计中的一项重要的内容，文字太粗或太细都会影响到用户体验。在制作网页的时候，可以根据文字在网页中的不同位置和不同等级来分别使用不同大小、粗细的字体。相对来说，内容标题可以使用较大、较粗的字体，内容小标题可以采用次一号的字体，而内容正文则可以采用正常大小的字体。

在该网页中，文字大小、粗细都有着较为严格的要求，标题文字采用粗体，副标题文字采用了稍细一些的字体。这样的安排可以让信息有主次顺序地进行传递，增强用户体验。

6.5.5 配色实战——不同配色方案的视觉效果

方案一	方案二	方案三	方案四

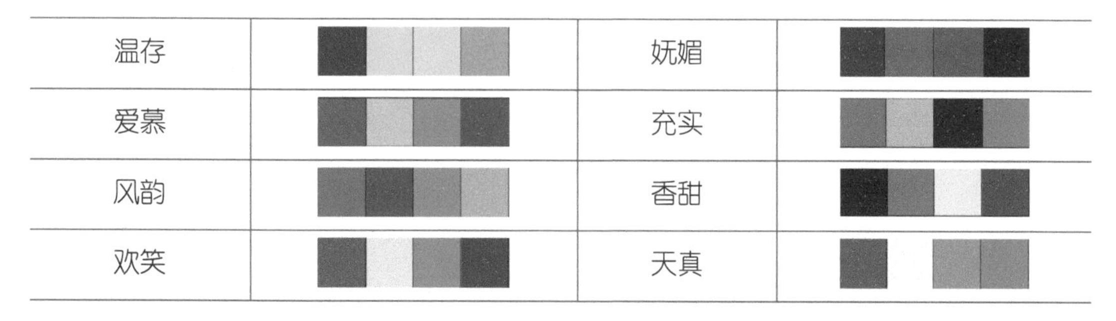

6.5.6 常见色彩搭配

温存		妩媚	
爱慕		充实	
风韵		香甜	
欢笑		天真	

6.5.7 猜你喜欢

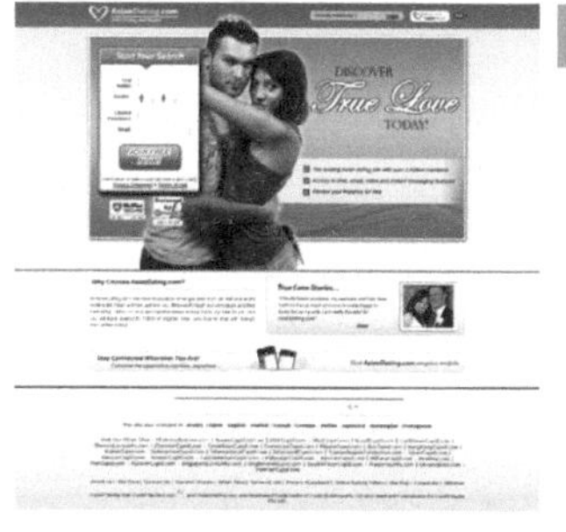

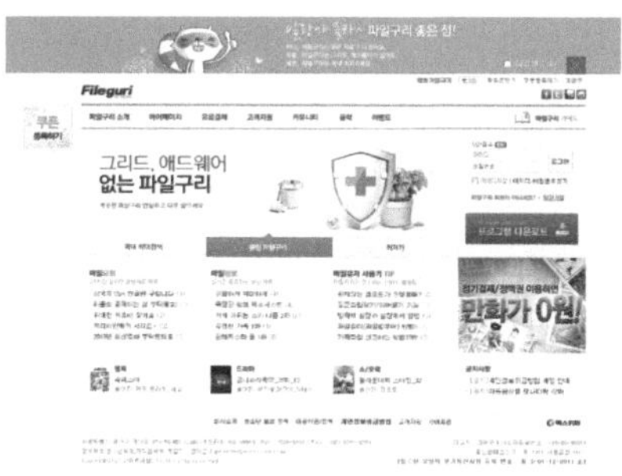

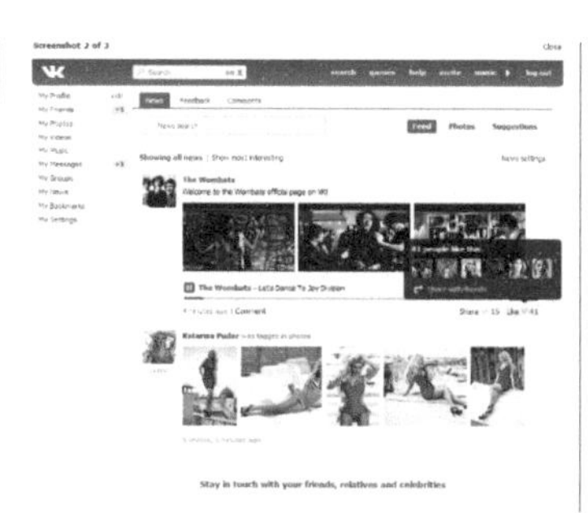

♣6.6 个人网页

6.6.1 什么是个人网页

个人网页就是介绍关于自己的一类网页设计。比如展现自我的兴趣爱好、个人观点等。

下图为个人网页设计，作品中添加了插画进行陪衬、装饰，使画面内容丰富、有趣，创意的构思增加了页面的幽默感。

作品为中明度色彩基调，其背景颜色古朴、低调，前景中的水彩画精致、漂亮，这样的搭配可以增加用户的记忆。

作品颜色丰富，背景颜色纯度较低，前景颜色纯度较高，这样颜色纯度对比的效果使页面层次分明，主题明确。

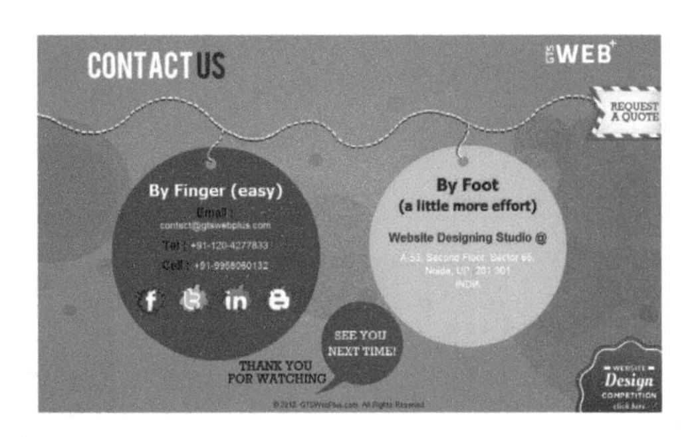

6.6.2　案例分析

（1）新奇

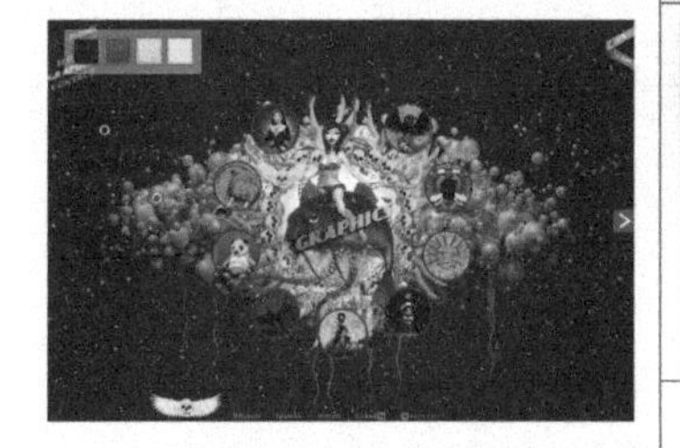

✎ **色彩说明：**作品为低明度色彩基调，低明度的背景颜色将中明度的前景衬托得更加显眼。

✍ **设计理念：**作品为卫星式布局方式，视觉重心的独特造型使人印象深刻。

33,5,0,84
0,39,50,37
0,17,34,2
30,0,2,3

❶作品空间感强烈，主体突出。

❷作品独特的造型显示了网站的设计风格。

❸作品色调和谐统一，在视觉上打造一种平衡感。

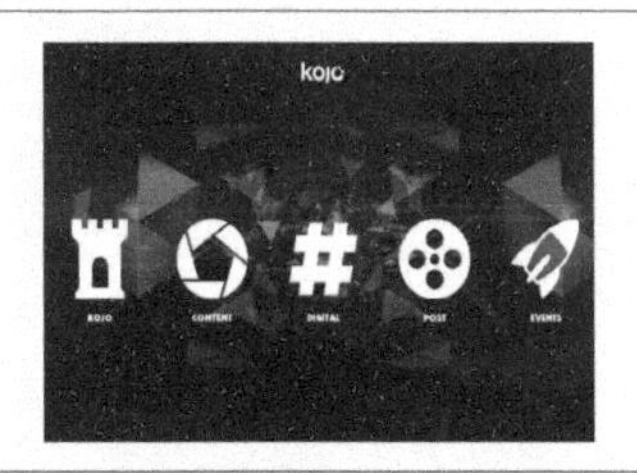

✌ **色彩延伸**：

（2）个性

✎ **色彩说明：**该网页采用同类色的配色方案，利用颜色明暗的变换使画面色调统一，和谐。

✍ **设计理念：**作品插画与数码照片相结合，造型个性、特别，使人印象深刻。

33,5,0,67 89,0,58,82 64,0,65,55 100,5,0,48	❶作品整体采用了手绘的风格，卡通、有趣、 ❷利用颜色明暗的变化，使画面层次分明。 ❸作品幽默感的造型设计为画面营造了轻松、愉快的氛围。

色彩延伸：

6.6.3 动手练习——为画面添加合适素材

从网页的背景、夸张的人物表情都能够看出设计者是想打造一种活泼风格的网页。但是在原图中，居中排列的内容和大面积的留白给人一种整齐、规范的感觉，没有完全表达出设计意图。经过修改后，在文字周围摆放了糖果图案，这些图案呈弧形摆放，这样的安排可以让画面内容更加丰富，而且让视线集中到文字上。

Before：

After：

6.6.4 设计师谈——网页设计中的三个小细节

（1）先整体，后局部 在网页设计时，应该先从整体入手，然后分模块设计，最后调整几个不满意的模块。

（2）以网站的功能决定设计方向 先要考虑网站的用途，然后再决定设计思路。例如商业性网站就要突出“盈利”这一目的；食品类网站就应该突出“美味”这一特点。

（3）内容决定形式 在设计时应该先充实内容，再进行区域的划分，决定其色调，处理细节。这样处理出来的网页才会与网站主题相符，整体与局部协调。

6.6.5 配色实战——舞蹈网站的色彩搭配

双色配色	三色配色	四色配色	五色配色

6.6.6 常见色彩搭配

乐趣		舒畅	
朴素		喝彩	
精细		朝气	
雅致		神采	

6.6.7 猜你喜欢

✤ 6.7 社区论坛

6.7.1 什么是社区论坛

论坛，又名网络论坛 BBS，是互联网上的一种电子信息服务系统。它提供一块公共电子白板，让每个用户都可以在上面发布信息或提出看法等。其内容丰富，交互性较强，可为用户提供一个获得各种信息并进行交流的平台。

作品利用颜色面积对比效果使页面层次分明，绿色调的配色方案给人一种自然、绿色的视觉感受。统一的色调为视线营造一种平衡感。

作品界面风格简洁、素雅，柔和的色调给人一种放松、舒适的视觉感受。

作品白色的背景颜色给人以清爽、干净的视觉感受。添加红色作为点缀色，使画面颜色变化丰富。利用分栏的处理将页面规划得整齐、清晰。

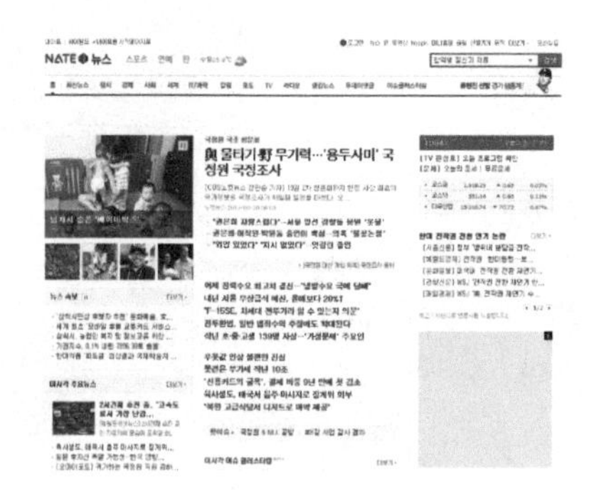

6.7.2 案例分析

（1）朴素

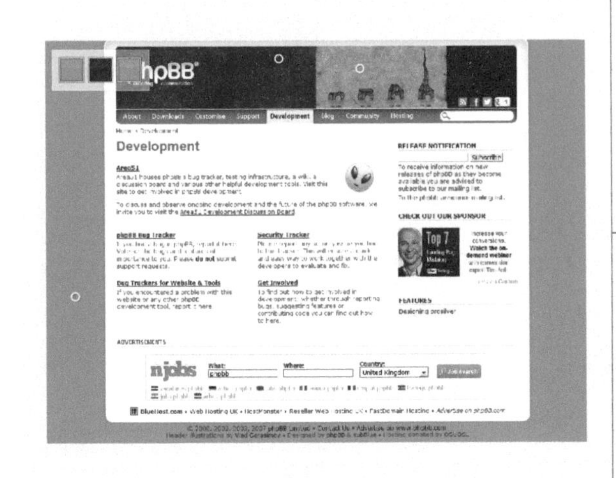

✎ **色彩说明：**作品为中明度色彩基调，灰色调的配色方案为画面营造了朴素、低调的视觉感受。

✍ **设计理念：**作品为包围式布局方式，将各种元素集中在一起，给人一种安全、平稳的视觉感受。

0,2,6,31

0,37,52,66

0,12,25,24

❶作品通过明暗对比的效果使画面层次分明。

❷作品通过设置不同的文字颜色进行突出。

❸作品以白色为背景，简洁、干净。

✌ **色彩延伸：**

（2）简洁

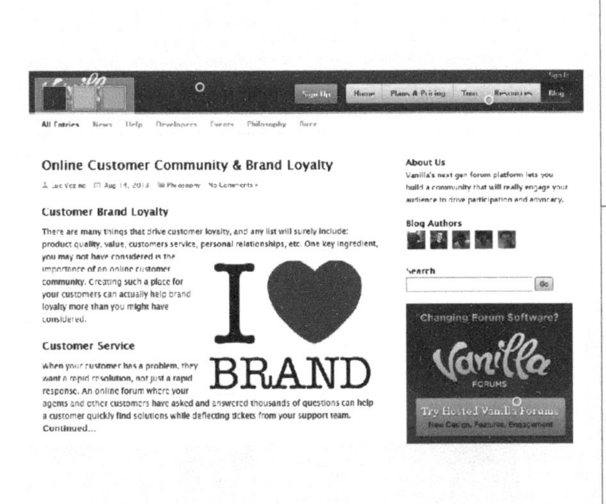

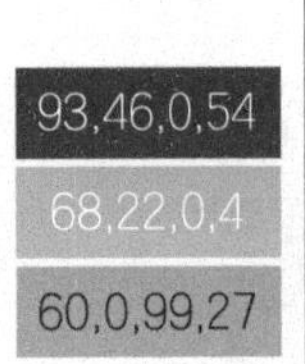

✎ **色彩说明：**作品为高明度色彩基调，白色的背景颜色给人一种干净、清晰的感觉。

✍ **设计理念：**作品将页面进行分栏处理，这样的布局方式给人一种规整、条理清晰的感觉。

93,46,0,54

68,22,0,4

60,0,99,27

❶作品明暗对比强烈，视觉冲击力强。

❷作品中间的文字结合图案，并且为红色，可引导人们的视线到图案上。

❸作品布局严谨、条理清晰，方便用户使用。

✌ **色彩延伸：**

6.7.3 动手练习——别把选项藏起来

下拉式菜单虽然可以节约页面的空间，但是却很难发现选项。如果将相关的信息并置在页面上，可以方便用户选择，使操作更加便捷。

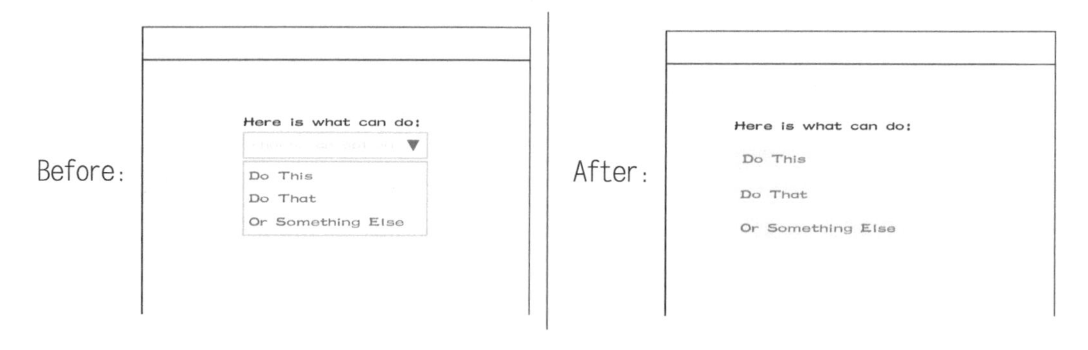

6.7.4 设计师谈——单色网页设计

单色的网页色彩搭配就是先选定一种颜色，然后调整透明度或者饱和度，产生其他颜色，进行色彩搭配，这样搭配出来的色彩看起来色彩统一，层次感强烈。

6.7.5 配色实战——网页色彩搭配

双色配色	三色配色	四色配色	五色配色

6.7.6 常见色彩搭配

悠长		滋润	
阳光		甜美	
清透		亲善	
亲厚		花香	

6.7.7 猜你喜欢

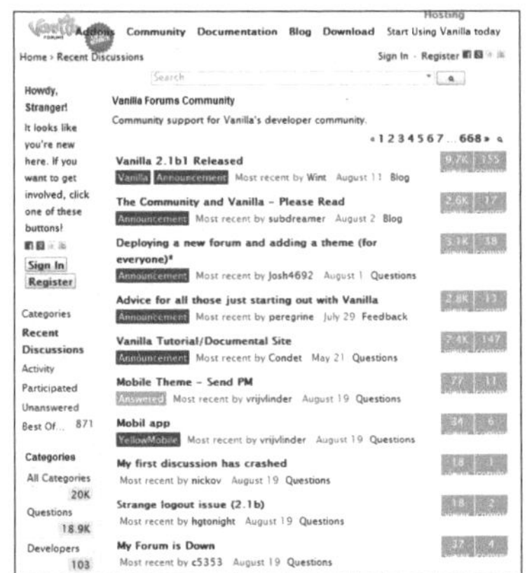

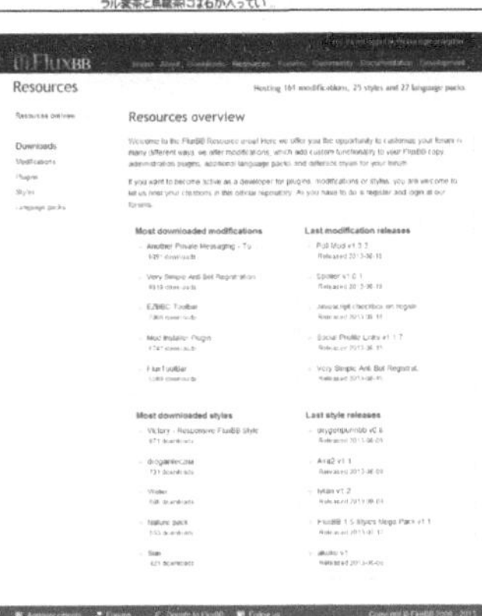

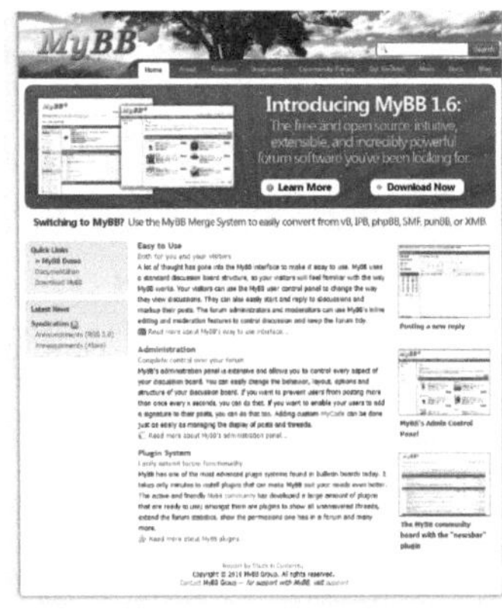

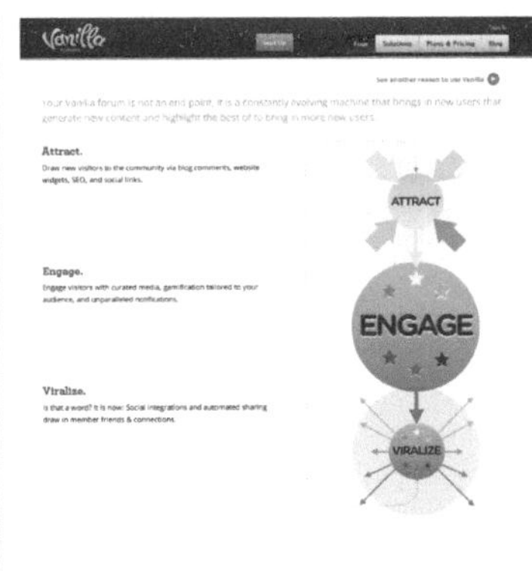

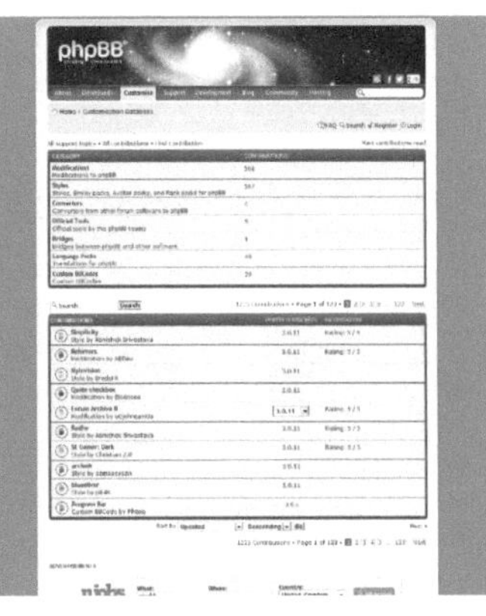

✤ 6.8 活动网站

6.8.1 什么是活动网站

活动网站是指承载各种形式的节庆促销、宣传推广、营销产品发布等活动的网站，其形式与内容也多种多样。

活动网站网页设计主要以背景和标题字体的视觉处理来烘托整体氛围。如今越来越多的活动网站网页会加入游戏等趣味性强的互动方式。

下图为国外某活动网站网页的设计，该活动网站网页将活动的内容与巧克力礼盒相结合，形式新颖，与主题紧密相连。

下图为国外儿童类活动网站设计，蓝色调的配色方案清新、活泼，添加橘色作为点缀色，使画面颜色变化丰富。这样的配色方案与网站主题相吻合，可以更好地吸引孩子们的注意。

6.8.2 案例分析

（1）激情

✎ **色彩说明：**该活动页面为低明度色彩基调，深色的背景颜色给人一种冷酷、沉着的视觉感受。

✍ **设计理念：**作品层次分明，将活动内容标语放置在页面的重心位，使其活动信息能够更好地传递出。

0,37,90,18
0,84,69,43
0,0,0,80

❶ 该页面以红色和橘色为点缀色，这样色彩搭配使画面变换丰富。
❷ 作品利用颜色明暗的变换为画面营造强烈烈的空间感。
❸ 作品中游戏角色制作精美，提升了页面的档次。

✌ **色彩延伸：**  

（2）喜庆

✎ **色彩说明：**该活动网页采用红色调配色方案，颜色统一和谐，使画面弥漫着节日的喜悦气息。

✍ **设计理念：**作品中的视觉中心为自由式布局方式，画面结构有张有弛。

0,3,7,58
0,74,74,16
0,44,44,2

❶ 作品中商品与活动信息紧密相连。
❷ 作品为运动产品的网页，产品从礼品盒中飞出，让人惊喜。
❸ 作品中颜色变换丰富的条纹，为画面制造了一种动感。

✌ **色彩延伸：** 

6.8.3 动手练习——尽量减少表单问题

在生活中我们也经常会遇到注册填写表单的问题，表单问题过多会让人觉得太烦琐，用户往往容易不耐烦而半途放弃，所以表单问题尽量少而精简。

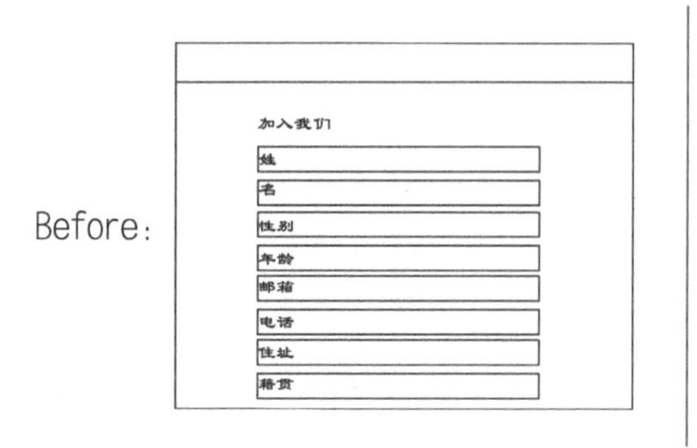

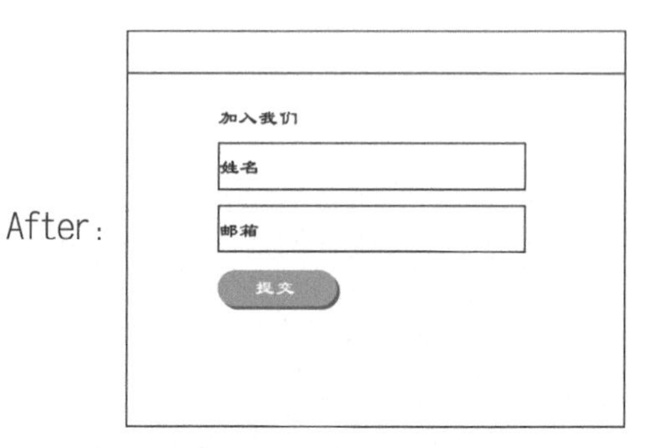

6.8.4 设计师谈——选用两种色彩进行色彩搭配

通常界面中颜色越少，画面越简约，越方便用户的记忆。在选择颜色时可以先确定一种颜色作为网页的主色，然后选择这种颜色的对比色或互补色作为辅助色或点缀色，这样搭配出来的色彩不仅视觉冲击力强，还不会给人花哨、浮夸的感觉。

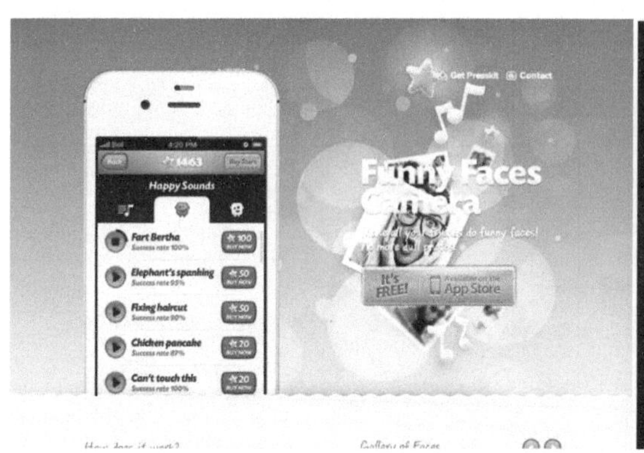

6.8.5 配色实战——同一网站的配色方案

双色配色	三色配色	四色配色	五色配色

6.8.6 常见色彩搭配

舒适		清淡	
浮世		童稚	
丰富		挑战	
清甜		娇贵	

6.8.7 猜你喜欢

第7章 不同行业的网页色彩搭配

Part Seven

Bu Tong Hang Ye De Wang Ye Se Cai Da Pei

♣7.1 车品类

7.1.1 现代风格车品网页

✎ **色彩说明：** 通常车品类的网站设计会以汽车的色调作为画面的主色调，这样可以为视觉营造平衡感，在本案例中就是采用了这样的配色手法。

✍ **设计理念：** 作品以行驶中的汽车作为视觉重心，这样的设计可以将商品完美地展现出来。

23,0,2,12

30,13,0,37

67,0,10,81

❶作品以青灰色为主色调，给人一种理智、冷静的视觉感受。

❷以大图作为页面的重心，充分表现了作品的大气、舒展之感。

❸作品以大字为标题，可以吸引用户的注意。

✌ **色彩延伸：**

7.1.2 粗犷风格车品网页

✎ **色彩说明：** 作品为中明度色彩基调，利用红色作为点缀色不仅与商品相呼应，还增加了文字的识别性。

✍ **设计理念：** 利用外景照片作为视觉重心给人一种真实感。

0,0,0,29

0,8,16,38

0,91,95,16

❶该汽车网页布局灵活，给用户耳目一新的感觉。

❷在该网页中通过汽车的照片突显了商品的性能。

❸黑底白字的导航栏利用颜色明暗对比的效果方便用户的使用。

✌ **色彩延伸：**

7.1.3　动手练习——打造豪华质感的车品网页

通常汽车网站会追求一种科技、豪华、品质的感觉，想要打造这样的感觉，可以通过对颜色的调整去营造这样一种气氛。

Before:

在原始的配色中，设计师可能考虑汽车为橘黄色，所以将背景调整为黄色调，但是我们可以看出整个画面给人一种晦暗、混乱的感觉，并没有凸显出商品的气质。

After：

将背景更改为冷色调后，与前景中暖色调的商品形成对比，让商品从画面中脱颖而出。整个画面色调也变得清晰。

7.1.4　设计师谈——为网页制作一个漂亮的等待页面

由于网速等原因，在打开网页时难免会出现缓冲的情况。为了能让用户在这短短的几秒钟仍然等待，可以制作一个漂亮的等待页面，这样就可以增加用户停留的时间。

7.1.5　常见色彩搭配

成熟		暧昧	
和平		大地	
甜腻		坚强	
朴素		勇气	

7.2 服饰类

7.2.1 品牌时装网页

色彩说明：作品为中明度色彩基调，青色调的配色方案给人一种时尚、潮流的视觉感受。

设计理念：作品以大图为背景，在大图上添加边框可以将用户的视线集中在页面中。

色值
0,97,27,69
65,44,0,43
24,6,0,29

❶作品中文字居中对齐，整齐、规整。
❷文字位于页面的中心，可以增加信息的传播力。
❸精致的边框突显了页面的品位。

色彩延伸：

7.2.2 年轻服装网页

色彩说明：在该页面中，颜色纯度较高，与年轻服装网站主题相吻合。

设计理念：在页面中，以年轻人的照片为视觉重心，不仅展示了商品，还增加了页面的识别性。

色值
0,100,100,16
0,3,7,2
0,22,88,2
99,36,0,26

❶在该页面中，模特穿着的衣服颜色纯度较高，这也与网页的配色相互呼应。
❷作品中人物欢乐的笑脸增加了页面的感染力。
❸导航栏使用红色，可以增加其识别度。

色彩延伸：

7.2.3 动手练习——将商品突显出来

在本案例中修改之前的网页采用邻近色的配色方案进行色彩搭配，虽然画面色调统一，颜色和谐，但是没有将商品突显出来。经过修改，将背景颜色改为了无彩色，这样有彩色与无彩色之间产生了对比，凸显了商品。

Before:

After：

7.2.4 设计师谈——使用菱形进行页面的分割

菱形线条整齐、硬朗，虽然菱形与方形相似，但是方形过于死板、生硬。使用菱形分割页面可以给人一种整齐中带着灵活的视觉感受。

7.2.5 常见色彩搭配

秀气		私语	
直觉		庆贺	
富裕		宠爱	
精心		风趣	

7.3 珠宝类

7.3.1 珠宝类购物网页

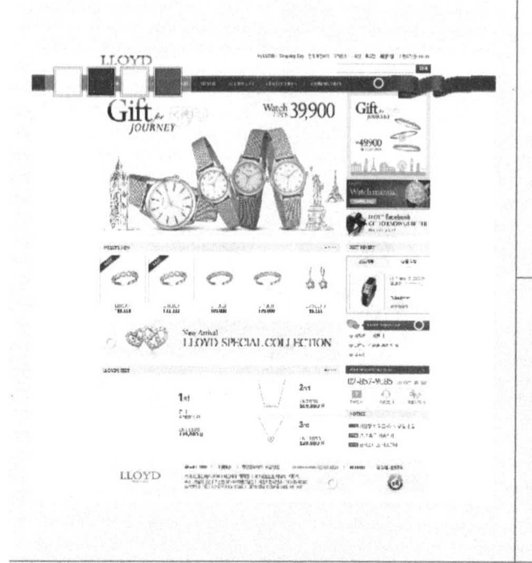

色彩说明：该网页以高明度的淡黄色为背景颜色，柔和的淡黄色不仅保证了网页的明度，还使页面色调柔和，不刺激。

设计理念：作品构图严谨，条理清晰。方便用户在浏览网页时更加完整、全面地了解信息。

0,3,13,0

69,0,61,71

0,0,0,7

0,62,67,11

❶该网页利用颜色对比的效果使导航栏格外突出。

❷作品中的商品全面，让顾客有更多的选择。

❸整洁的页面与配色给用户带来一种轻松、愉悦的购物环境。

色彩延伸：

7.3.2 品牌珠宝网站

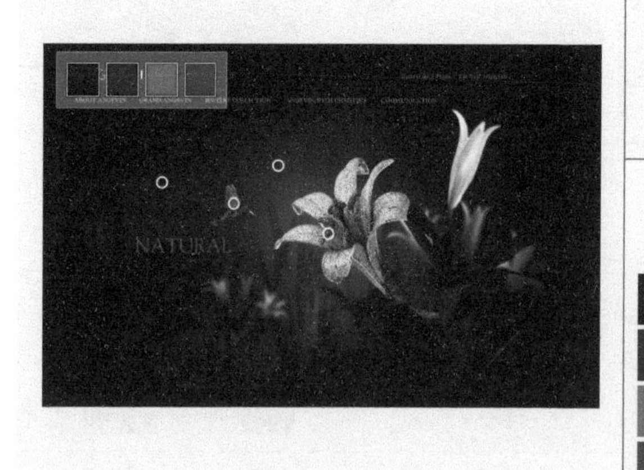

色彩说明：该网页为低明度色彩基调，深绿色调的配色给人一种自然、神秘之感。

设计理念：作品以百合花的花蕾为视觉重心，侧面说明了珠宝品牌的美感，充分体现了该网站华丽、高品质的特点。

26,0,50,80

23,0,60,71

0,5,44,37

0,53,83,22

❶在该页面中颜色从深到浅的梯度变化使页面空间感强烈。

❷作品以花蕾为视觉重心，用来比喻商品的美感，吸引消费者。

❸因为没有其他装饰元素，可以使用户的视线更加集中。

色彩延伸：

7.3.3 动手练习——浅色与深色背景对珠宝产品的影响

珠宝的艳丽晶莹、光彩夺目，在网站背景选择上需要考虑商品的特征，是否能够将商品的品质、质地展现出来。例如钻石类的珠宝，它常用黑色或白色作为背景，选择白色作为背景，能够给人一种优雅、别致的感觉，如左图所示；选择黑色为背景则给人一种神秘、华丽的感觉，如右图所示。

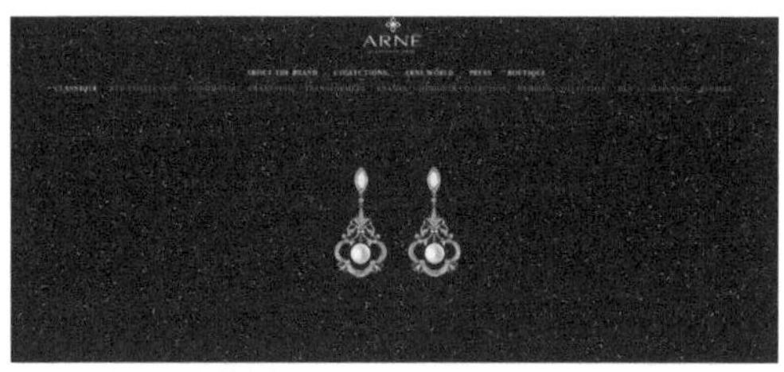

7.3.4 设计师谈——色块拼贴法

这一方法主要是将页面分割成若干个方块，并以文字或照片进行填充。这种手法最主要的特点就是“简洁”。将不同的色块放在一起形成强烈的对比，容易引起用户的视觉兴趣，进而继续探索下去。

7.3.5 常见色彩搭配

古旧		得体	
夸张		动人	
心计		友情	
积极		从容	

♣ 7.4 建筑装潢

7.4.1 室内设计装饰公司网页

✎ **色彩说明：**该网页为中明度色彩基调，以白色为背景可以使页面看上去格外干净、整洁。

✍ **设计理念：**出于展示的目的，该网页将设计作品放置在页面的重要位置，可以使用户对该公司的设计风格一目了然。

0,28,42,60
0,5,6,38
1,1,0,16
0,7,24,2

❶ 作品简洁的导航栏与网页风格一致。

❷ 在该页面中没有其他装饰，简约的风格使人印象深刻。

❸ 通过大图来展示作品，方便用户了解该公司的设计风格和设计能力。

✌ **色彩延伸：**

7.4.2 景观事务所网页

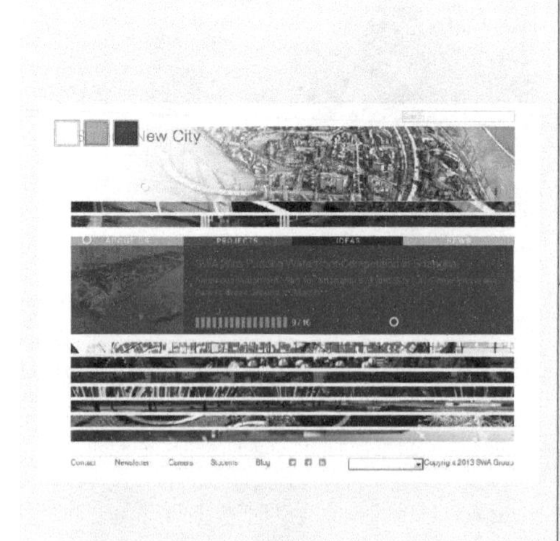

✎ **色彩说明：**灰色是一种百搭的颜色，在该网页中以灰色作为导航栏的颜色，充分体现了灰色的这一特点。

✍ **设计理念：**作品将页面横向分割，只保留了部分图片，当鼠标经过图片时，图片会自动展开。这样的设计新颖独特，给人留下深刻的印象。

2,0,2,3
7,0,58,19
10,3,0,58

❶ 作品通过横向分割使页面产生一种横向延伸感。

❷ 作品将文字部分放置在页面中心位置，可以增加其吸引力。

❸ 通过创意的网站设计也折射出该公司是一家创意、新潮的公司。

✌ **色彩延伸：**

7.4.3　动手练习——为导航栏添加图标增加其识别性

一个完美的网页不仅要布局合理，主题突出，更要细节丰富。在本案例中修改之前的导航只使用到了文字，这样不免单调了些。经过修改，在文字前加上了图标，这样一来，导航栏不仅更加美观，而且可以快速对导航按钮进行识别。

7.4.4　设计师谈——简洁明快的网页设计风格

在当下，许多网站开始寻求明快、简洁、直观的设计，极简主义风格的网页设计就应运而生了。极简设计是通过整合或删除多余的页面，视线简化，只留给用户需要的东西。极简设计通常会用到大号加粗字体，以及超大号的图片，清晰地把重要的东西传达出来。

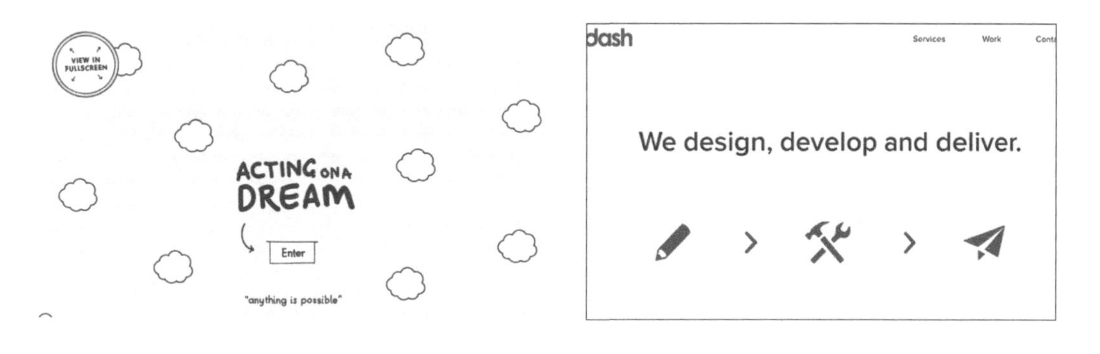

7.4.5　常见色彩搭配

清丽		教诲	
自信		富贵	
积极		乐天	
温存		爽朗	

7.5 媒体、音乐类

7.5.1 音乐类网页

色彩说明：黑色的背景加上绚丽的前景，明与暗的强烈对比使画面看上去帅气、个性，符合当代年轻人的审美。

设计理念：该作品模块规整，紧凑的布局方式使用户对该页面中的内容一目了然。

0,00,100
0,0,0,58
0,23,49,43
0,48,41,8

❶ 在页面中颜色变化丰富，内容年轻、时尚。

❷ 将粗字体使用到导航栏中，可以增加其吸引力。

❸ 背景中涂鸦风格的插画与页面气氛相互呼应。

色彩延伸：

7.5.2 电视剧网页

色彩说明：作品为中明度色彩基调，画面主体颜色倾向于无彩色，电视剧的名称为红色，通过颜色对比的效果使网页的主题更加突出。

设计理念：自由式的布局方式给人以活泼、放松之感，使用户在浏览网页时心情愉快、舒畅。

0,0,2,65
0,0,0,20
0,86,84,11

❶ 导航栏特殊的造型，可以引起用户的注意。

❷ 作品中通过人物的动势为画面营造了动感。

❸ 满版行的布局方式，使用户的视线范围更加宽广。

色彩延伸：

7.5.3 动手练习——为界面换一个合适的点缀色

该网页展示的是一个儿童教育机构，通常以儿童为主题的网页配色多以颜色明快、艳丽为主。在本案例中，修改之前的页面采用深紫色为点缀色，虽然很醒目，但是少了儿童主题网页应该有的活泼之感。经过修改，将点缀色改为橙色，这样不仅与背景颜色相呼应，还增加了画面的趣味性，使页面的气氛更加活跃。

Before:

After：

7.5.4 设计师谈——利用视差滚动，打造全新感官享受

所谓“视差滚动”就是让多层背景以不同的速度移动，形成运动视差 3D 效果。随着越来越多的浏览器增加对视差的支持，这一技术的应用也会更加广泛。

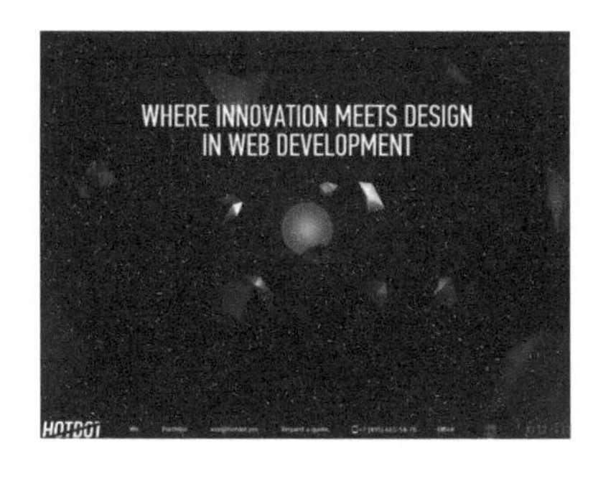

7.5.5 常见色彩搭配

似水		悦动	
智慧		淘气	
香滑		生动	
甘甜		魅力	

7.6 IT 科技

7.6.1 软件研发公司网页

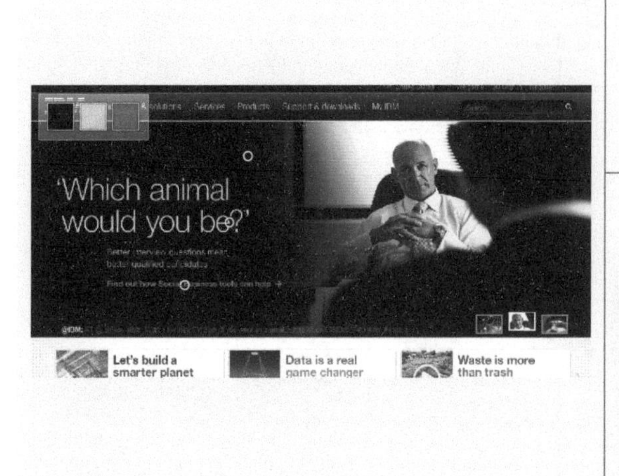

色彩说明：该网页为低明度色彩基调，深色调的配色方案给人一种冷静、理智的视觉感受。

设计理念：作品构图严谨、规范有序，与网站的所要表达的主题相符。

0,0,12,93 0,12,74,0 88,24,0,26	❶ 页面中黄色的文字格外醒目。 ❷ 作品利用明暗对比的效果使页面层次分明。 ❸ 该页面色彩统一、和谐，为视觉营造良好的氛围。

色彩延伸：

7.6.2 电脑制造商网页

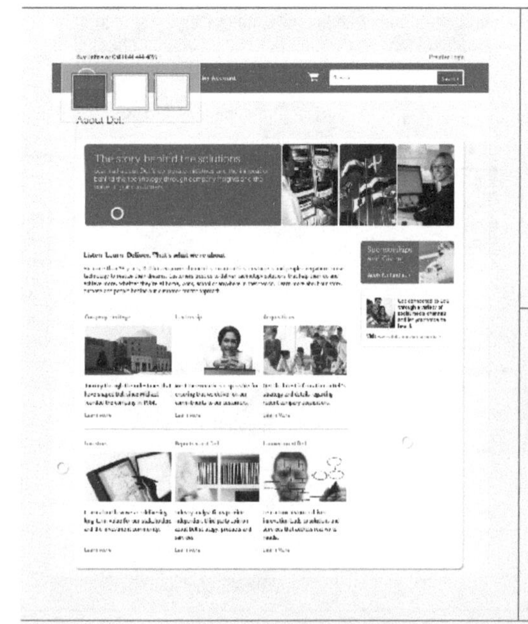

色彩说明：该网页为高明度色彩基调，以青色为辅助色，给人一种科技、冷静、理智的视觉感受。

设计理念：作品条理清晰、布局合理，当用户在浏览网页时不会因为杂乱的页面而影响阅读。

100,33,0,23 0,0,0,0 0,0,0,7	❶ 干净整洁的页面设计使页面中的内容一目了然。 ❷ 青色为该公司的企业颜色，选择该颜色作为辅助色，可以增加品牌效应。 ❸ 在网页中图文并茂，内容丰富。

色彩延伸：

7.6.3 动手练习——卫星式布局方式的妙用

在本案例中，修改之前的页面左右两侧有些空，并且过于死板。经过修改，用人物环绕视觉重心，这样可以使视觉重心更加突出，画面更有灵动的感觉。

Before:

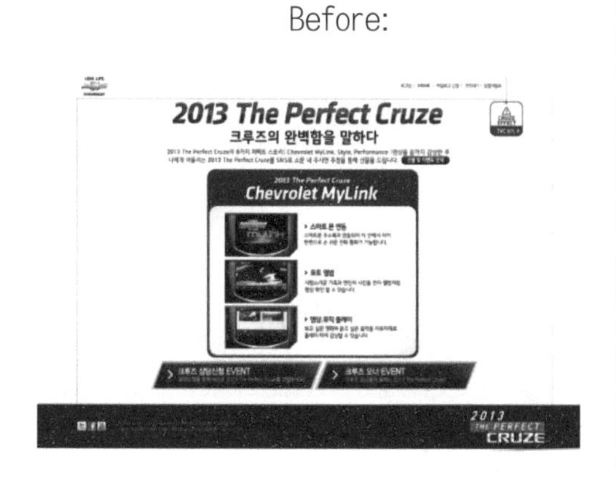

After:

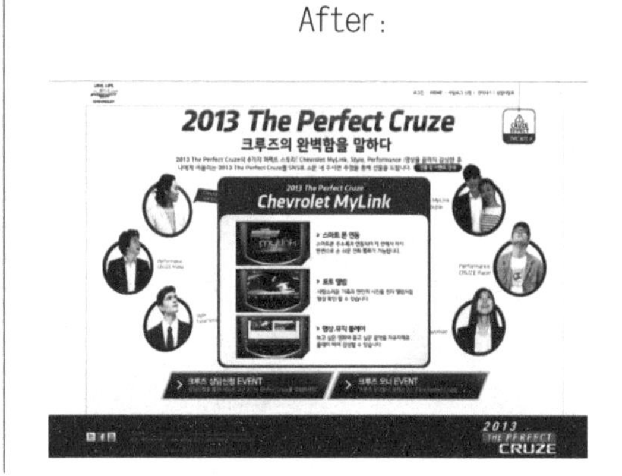

7.6.4 设计师谈——为界面添加一个合适的字体

在以前，设计师所能使用的字体受用户电脑本地已有的字体所限。现在不同了，设计师可以在网上下载到更多的字体。在现在的网页设计中对字体的选择应加以重视，选择一个合适的字体，可以使页面效果锦上添花。

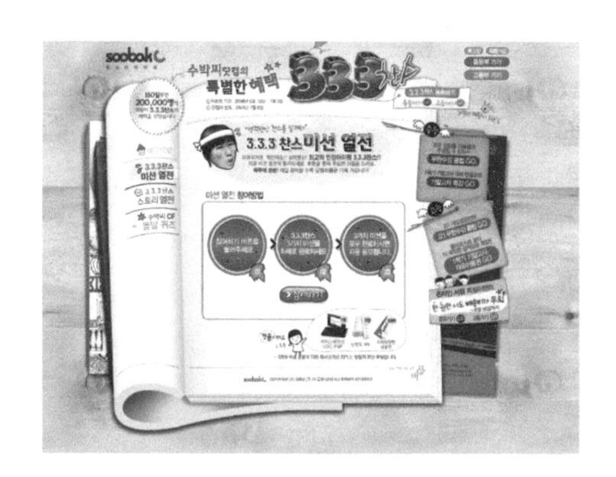

7.6.5 常见色彩搭配

闲适		神奇	
纯净		泼辣	
俏皮		娇俏	
浪漫		倾慕	

7.7 教育类

7.7.1 知名大学网页

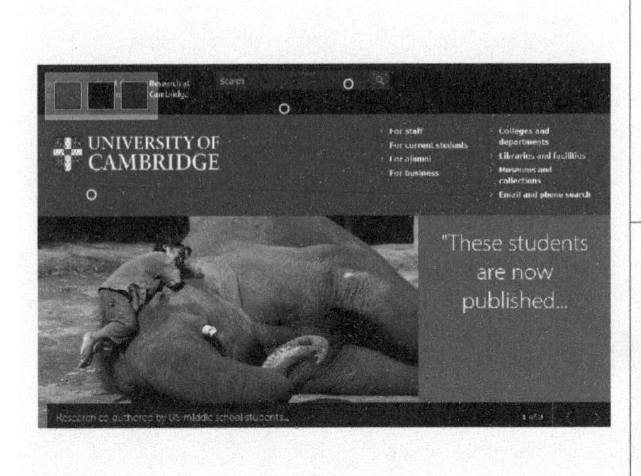

色彩说明：作品为低明度色彩基调，通过简单的配色使画面产生了一种简单，整洁的视觉感受。

设计理念：该网页模块分割明确，没有过多的装饰，直接明了地阐明主题。

75,10,0,53

0,0,0,96

0,0,0,80

❶黑色在作品中有调和的作用。

❷该页面色调统一，采用的是邻近色的配色方案。

❸该网页反白的文字利于阅读。

色彩延伸：

7.7.2 私立学校网页

色彩说明：铬绿给人一种稳重、正规之感。该作品以铬绿为主色调，可以充分展示该学校的办学理念。

设计理念：该作品以老师讲课的照片为背景，可以展示该学校的学习气氛。

50,0,7,83

12,0,0,4

0,70,97,13

❶文字放置在照片上，不仅使页面层次分明，还可以充分利用页面空间。

❷在网页的右下角两个颜色鲜艳的按钮格外引人注意。

❸作品通过对内容的调整，使画面主次分明。

色彩延伸：

7.7.3 动手练习——为页面填写一个显眼的辅助色

在本案例中，修改之前的页面颜色多余单一，经过修改将部分改为洋红色，使该部分更加突出、充满活力。

Before:

After:

7.7.4 设计师谈——为网站设计一个漂亮的 404 界面

通俗地说，404 就是当用户浏览网页时，服务器无法正常提供信息，所出现的提示界面。尽管 404 页面被用户看到的概率很小，但页面难免会出错。当页面出错时可以通过一个漂亮的 404 界面将网站损害降到最低，通过这一细节，不仅可以把信息很好地传递给用户，还可以引导用户下一步的操作，使用户留在我们的网站而不是沮丧地关闭窗口。

7.7.5 常见色彩搭配

清幽		可口	
清澈		清甜	
憧憬		热闹	
依恋		艳阳	

第8章 不同风格的网页设计

Part Eight

Bu Tong Feng Ge De Wang Ye She Ji

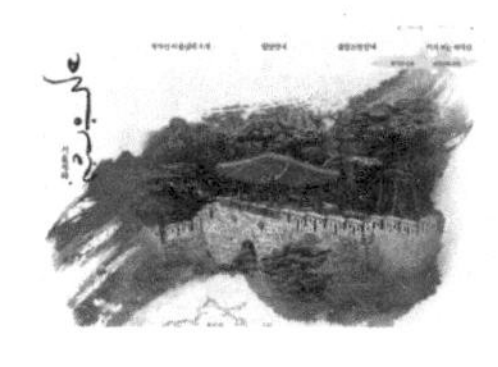

♣8.1 简约至上主义风格

简约，往往与时尚紧密相连，是一种常见的网页设计风格。简约不是指简单的页面构图，而是指通过线条、开放式等设计技巧去掉那些繁复的装饰元素，使页面清爽和有条理。简约设计能够利用简单的东西创造出非同寻常的华丽。要实现简约风格是十分不容易的，实现简约风格要使整个网页看起来简单而不单调，要对页面的各个元素进行最为合理的组合，否则，在视觉上会给人单调、乏味的感觉。

☛化繁为简，去掉一切不必要元素，去伪存真，减掉烦琐与花哨。☚

8.1.1 简洁

✎ **色彩说明：** 白色的背景体现出整个网页强烈的空间感，绿色和淡粉色的点缀为网页增加了活泼的氛围，不会显得过于严肃。

✍ **设计理念：** 作品中白色的背景和大面积的留白将用户的视觉重心集中在了高跟鞋上，这就是简约至上主义设计精华所在。

0,0,0,83

0,0,0,0

0,6,6,13

❶ 白色的背景颜色给人干净、清爽的视觉印象。

❷ 作品中通过字体的粗细来增加文字的层次感。

❸ 简约的设计可以给人留下深刻的印象。

✌ **色彩延伸：**

8.1.2 整齐

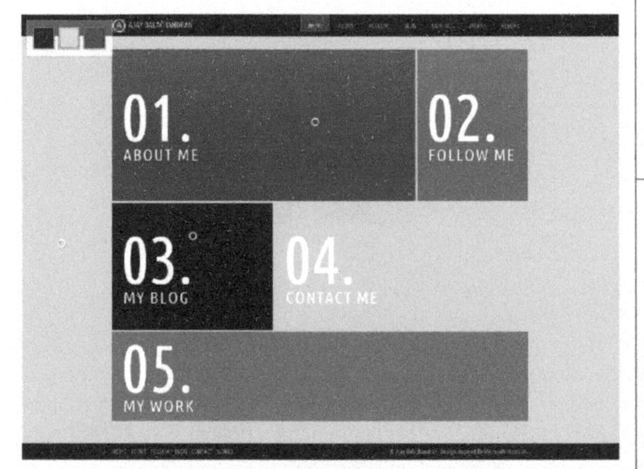

✎ **色彩说明：** 黑色与灰色搭配能呈现出网页沉稳的基调，红色、绿色等彩色的点缀很清晰地把网页的主要内容呈现在人面前。

✍ **设计理念：** 简约风的设计让整个网页简单却富有艺术气息，活泼又不失庄重。

21,13,0,85

0,0,0,20

0,71,88,14

❶ 灰色主色调让网页整体风格优雅、沉稳，富有浓浓的艺术气息。

❷ 白色的数字序号让人在打开网页的时候很容易捕捉到视觉重点。

❸ 网页的整体设计体现出鲜明的个性风格，具有极高的辨识度，让人印象深刻。

✌ **色彩延伸：** 

8.1.3 动手练习——使网页看起来唯美、整洁

网页中的红色文字虽然十分鲜明，但与背景搭配起来显得整体杂乱无章、拥挤不堪、缺乏美感，自己尝试为文字的颜色进行调整吧，看是否能让整个网页看起来鲜明、整洁、时尚、唯美。

Before:

After：

8.1.4 设计师谈——简约是一种特殊的表达

简约风的网页正在被越来越多地采用，精美的图片、富有层次感的构图可以说是简约风格网页的代表元素。这种风格的设计往往能让人很快抓住视觉重点，极为迅速地传递所要表达的信息，给人留下深刻的印象。这种表达可以包含很多东西，比如网页设计者要向网页浏览者传递的信息，网页设计者的某种态度、个性风格，也包括某些理念比如环保理念、时尚理念等。也可以说，简约是一种内涵深刻的视觉享受。

8.1.5 常见色彩搭配

品德		芬芳	
明媚		软糯	
祝福		心仪	
松弛		炫耀	

♣8.2 绚丽的欧美风格

欧美是现代互联网的发源地，欧洲的网页设计与美国的网页设计风格很接近，二者在网页设计上形成了一种比较类似的风格。欧美风格的网页设计具有非常鲜明的特点：在图片及文字的布局中，文字明显多于图片，文字标题重点突出；善于应用单独色块区域及重点内容进行划分；广告宣传作用突出，善于用横幅的广告动画突出其产品或理念的宣传，整体搭配协调一致。

☛欧美风格的网站页面给人的第一印象就是简洁，重点突出，图片处理精致细腻，寓意传达很有内涵，多选用稳重深沉的颜色为主色调，给人以强烈的视觉冲击。☚

8.2.1 突出

✎ **色彩说明：** 在该网页中，背景颜色为灰色调，在这种色调的衬托下，黄色的点缀色在画面中格外突出。黄色让整个画面颜色充满了年轻、跳跃的感觉。

✍ **设计理念：** 网页为海报型的布局方式，画面中黄色的汽车作为视觉中心，非常抢眼。

85,80,80,66

63,60,74,14

79,72,66,34

5,18,88,0

❶ 黄色是商品的颜色，以黄色作为点缀色与商品的颜色相互呼应。

❷ 灰色给人低调、沉稳的感觉，黄色给人热情、张扬的感觉，两种颜色搭配在一起，激发了画面的矛盾，引发观者的思考。

❸ 网页中利用光线的流动将商品放在最亮的位置，让人的视线自觉的集中到商品位置。

✌ **色彩延伸**：

8.2.2 细腻

✎ **色彩说明：** 该网页为中明度的色彩基调，整个画面没有特别鲜明的颜色，整体给人一种柔和、细腻的感觉。

✍ **设计理念：** 该网页为海报型布局方式，插画风格的背景是视觉中心，整体给人一种舒展、开阔的感觉。

7,7,12,0

51,62,90,8

70,57,85,18

25,40,74,0

❶ 该网页都是采用低纯度的色彩基调，土黄色的色调给人一种温柔、舒缓的感觉，这种色彩感觉比较受女性喜爱。

❷ 这是网站的首页，网页中的信息简练，非常便于观者的记忆与理解

❸ 画面中零星的花朵填补了画面的空缺，让整个画面变得饱满、丰富起来。

✌ **色彩延伸**：

8.2.3 动手练习——将页面改为中纯度色彩基调

黑色是非常个性的色彩，在本案例中，修改之前黑色的背景与白色的页眉所产生的刺激感，使前景中照片失去了吸引力。经过修改，将背景颜色的明度调亮一些，这样一来，整个页面呈现中纯度色彩基调，柔和的背景颜色不仅不会抢前景的风头，还调和了整个页面的气氛。

Before:

After:

8.2.4 设计师谈——欧美风网站的色彩搭配

采用欧美风格设计的网站在色彩的应用上，主色调一般都选用一些给人以稳重深沉的颜色，但除了一些基础底色的运用，欧美网站风格的设计师有时也会把一些色彩鲜艳、表现强烈的颜色应用到网站的设计中来，比如一些网站会应用一些鲜艳的色彩来加深浏览者的印象，以加重对浏览者的视觉刺激。但网页设计大体都会使用同一颜色或者单独颜色。设计师有时候为了突出表现一些内容，会通过应用与主色调反差明显或者较大的颜色来作为显示内容的底色，从而使内容在整个网站上显得更为突出。

8.2.5 常见色彩搭配

亲昵		健康	
香浓		秀雅	
透爽		古朴	
欢乐		晴天	

♣8.3 淡雅的韩式风格

在亚洲来看，韩国的网页设计水平是相对比较高的，且发展速度很快，通过浏览一些韩国网页我们可以发现，韩国网页设计所采用的色彩搭配通常都是非常大胆的，冷色暖色往往不按常理搭配，设计风格美观且充满想象力，视觉冲击力很强，色彩丰富却不显花哨，颜色突出而不刺眼，这些充分说明设计者对色彩搭配的了解。

☛ 韩式的设计风格上不拘泥于形式，网页效果的视觉冲击力极强，色彩丰富却不觉花哨，颜色突出而不刺眼，构图巧妙，极富层次感，注重细节，力求完美。☚

8.3.1 淡雅

✎ **色彩说明：**作品为高明度的灰色调，界面整体的配色给人一种明亮、温和的视觉感受。

✍ **设计理念：**整个网页的布局极富层次感，很好地突出了视觉重点。

0,0,3,6
0,0,0,10
7,5,0,16

❶ 色彩搭配恰当合理，淡雅迷人，让人看起来愉悦舒畅。

❷ 图片处理精致，显得层次感很强，使网页看起来极富立体感。

❸ 文字排版美观、可读性强，既发挥了呼应作用，又增强了美感。

✌ **色彩延伸：**

8.3.2 醇厚

✎ **色彩说明：**整个页面散发出浓厚的艺术气息，中明度的配色方案给人一种复古、醇厚的视觉感受，并且有强烈的民族风格。

✍ **设计理念：**网页中水墨图案的使用极富象征意义，既呼应了主题又给人强烈的视觉冲击。

0,6,9,12
17,0,2,33
0,0,6,9

❶ 色彩搭配和谐，整体淡雅优美，艺术气息浓厚。

❷ 排版简洁，可读性强，富于变化且不显单调沉闷。

❸ 网页内容较多，但排列合理，不显杂乱。

✌ **色彩延伸：**

8.3.3 动手练习——使网页看起来清新淡雅

网页采用青色作为背景色显得清爽、舒服，但整个画面看起来色彩饱和度过高，缺乏视觉上的美感，自己尝试下调整吧，看能否使整个网页看起来淡雅清爽，富有美感。

After：

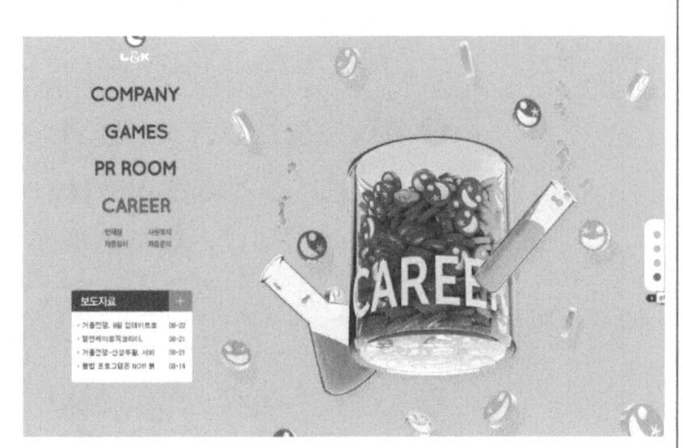

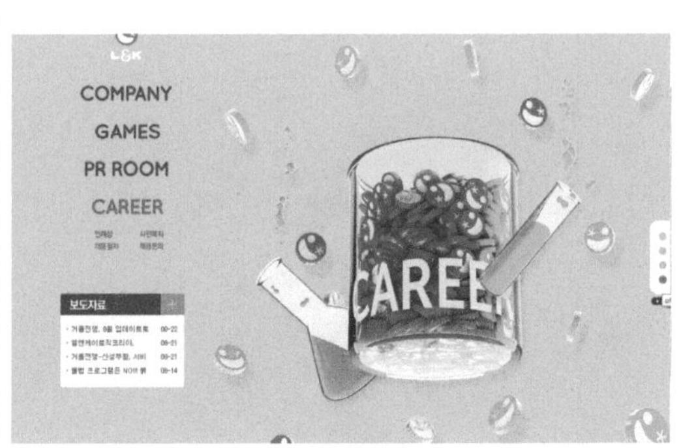

8.3.4 设计师谈——韩式的淡雅清新

韩国的网页设计师在网页的色彩搭配方面做得非常出色。韩式风格的网页设计常常搭配出一种很另类、和谐的美感，给人的感觉或是淡雅迷人，或是另类大胆，能够把颜色很好地搭配起来，给人愉悦、舒畅的感觉，让人感觉浏览网站的过程是一个视觉享受之旅。

8.3.5 常见色彩搭配

欣赏		幽静	
典雅		明快	
充沛		硕果	
妖媚		淡然	

♣8.4　悠远的日式风格

日式的设计风格是具有独特魅力的，往往给人严谨和富有禅意的印象。日式风格的网页设计既有简朴，也有繁复，既有严肃又有怪诞，既有抽象的一面，也具有现实主义精神，呈现出东西方交融的印记。从日本的设计作品中我们可以感受到一种静、虚、空灵的境界，一种具有东方特色的抽象。

☛ 日式风格的网页设计通常会营造出一种精致舒适的氛围，他们通常会在网页中添加具有民族特色的元素，使其表现出浓浓的民族风。☚

8.4.1 细腻

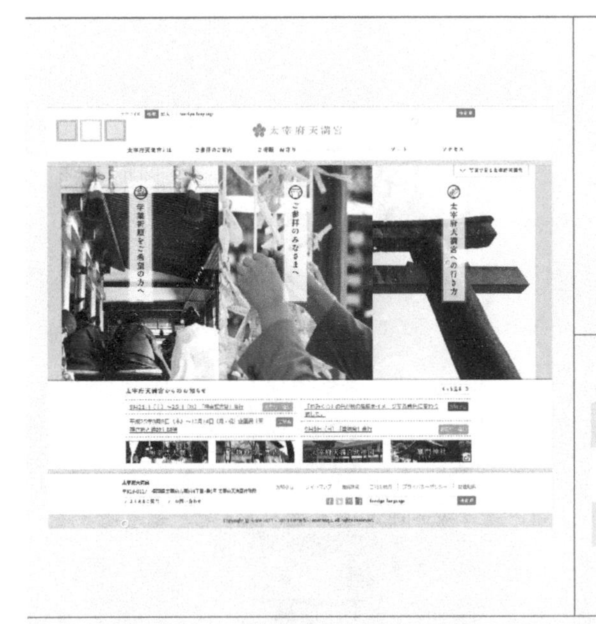

✎ **色彩说明：**以白色为背景色，淡化背景使视觉中心更为突出。橙色的搭配让网页的氛围更为悠远、清新，令人轻松愉悦。

✍ **设计理念：**大图片鲜明地突出了重点，使信息传递更为直接，便于人们快速浏览信息。

0,11,41,3

0,0,0,0

1,1,0,16

❶ 清晰的信息呈现，让人很容易捕捉到重点信息。

❷ 细节处理细腻，排列主次分明，画面层次感强。

❸ 暖色调搭配使整个网页呈现出一种清新、明快的气息。

✌ **色彩延伸：**

8.4.2 民族

✎ **色彩说明：**渐变的运用赋予整个网页含蓄、神秘的气息，足够吸引人的眼球。

✍ **设计理念：**整个网页透着精致、典雅、悠远的气质，体现出鲜明的民族特色。

0,33,22,93

7,2,0,5

0,40,67,66

❶ 白色的文字和渐变黑色的搭配恰当地突出了视觉重点。

❷ 大图片的使用使整个网页具有鲜明的民族特色。

❸ 细腻的细节处理让整个网页透出悠远、明晰的氛围。

✌ **色彩延伸：**

8.4.3 动手练习——使网页看起来更富意境

采用橙色作为背景色使整个网页看起来温暖而富有活力，但显得缺乏层次感，且重点不够突出。将背景改为白色，整个页面的明度变高，主题也更加突出了。

8.4.4 设计师谈——日式风格

日式风格的网站往往给人淡雅、悠远的感觉。日本著名的设计师福田繁雄先生曾经指出：“设计中不能有多余。”日本的设计往往采用传统的理念，结合现代的元素和构成手法，在追求时尚、清雅的同时注重体现民族风，这值得设计师学习和借鉴。

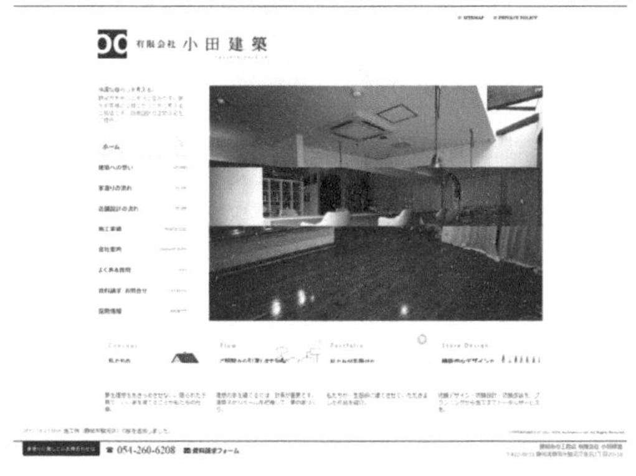

8.4.5 常见色彩搭配

惺忪		田园	
自然		悠闲	
温暖		期待	
娇俏		柔媚	

♣ 8.5 空间感网页设计

随着网络技术的高速发展，网页设计日趋成熟，为适应不断发展的市场需要，网页设计师们不断寻求实现视觉表现上的突破，于是网页设计不再仅限于单纯的二维空间表现方式。空间型的布局方式因为具有视觉层次丰富、真实感强的特点，被越来越广泛地应用于网页设计中。

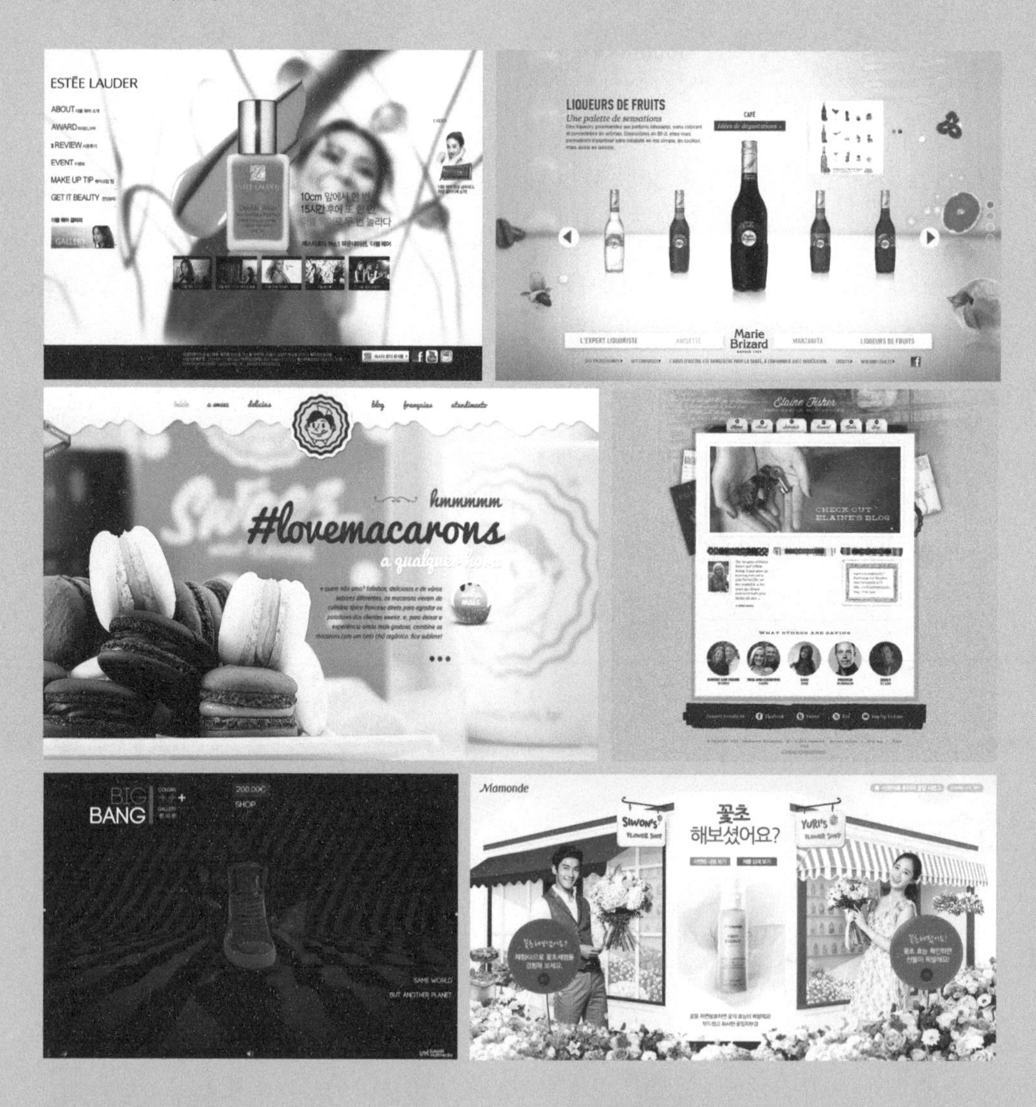

☛这是一种视觉上的魔术，恰当地运用一些技术手法，让二维的画面产生空间感。视觉层次丰富、真实感强烈的画面，一定能吸引更多人的眼球。☚

8.5.1 层次

✎ **色彩说明：**中明度的色彩基调给人一种稳定、踏实之感，柔和的色调可以让用户的目光停留得更久。

✍ **设计理念：**将背景进行虚化，使前景更具吸引力。这样的布局方式使整个版面分明，并且很好地利用透视原理，增大空间感。

48,28,0,23

14,8,0,18

0,22,42,24

❶ 作品中前景的颜色纯度较高，这样的设计可以很好地将前景突显出来。

❷ 巧妙地利用构图形成视觉上的差异，营造出画面的空间感。

❸ 恰当的图片处理在画面视觉层次感更加丰富的同时也增加了网页柔和、活泼的气息。

✌ **色彩延伸：**

8.5.2 立体

✎ **色彩说明：**灰色是冷静、忧郁的颜色，作品采用灰色调的配色方案给人以低调、冷静的视觉感受。

✍ **设计理念：**恰当地构图和适当地阴影处理让网页的视觉层次感更为丰富。

0,0,2,19

0,15,35,69

0,11,26,9

❶ 背景色恰当地搭配让整个页面极富立体感，且具有时尚、优雅的气息。

❷ 对图片进行的细节处理让网页的视觉层次感增强。

❸ 巧妙的构图在增强层次感的同时突显整个网页的时尚气质。

✌ **色彩延伸：**

8.5.3 动手练习——使网页层次更加清晰

网页采用咖啡色与黄色相搭配，显得个性分明、富有时代感，但咖啡色的使用面积过大，让整个网页显得单调，缺乏层次感，自己动手尝试一下调整吧，看能否使整个网页看起来更加分明，层次更加丰富，以唤醒我们疲劳的眼睛。

Before:

After：

8.5.4 设计师谈——“立体感”的产生

在视觉魔术当中，普遍运用的手法就是通过视觉错误来产生各种各样的“立体感”。本来画面是平面的，但添加了各种效果后，就会让人觉得这是立体的，有空间感的。主要可以从光线、阴影、颜色明度、透视效果等方面产生立体感、空间感，这种设计会使网站的效果呼之欲出。

8.5.5 常见色彩搭配

朝气		静谧	
可爱		优雅	
活泼		清雅	
松软		富饶	

♣8.6 扁平化设计

扁平化设计是当今设计界一个非常火热的话题，具有非常鲜明的特征。扁平化的设计风格是一种完全的二元设计风格，一种追求简化的设计风格，不使用特效果断放弃一切装饰效果；配色是扁平化设计中最为重要的一环，扁平化设计在色彩上倾向于使用单色调，尤其是纯色，一般不对色彩进行任何的柔化或淡化处理；这种设计风格突然会使用非常简单的界面元素，并且注重突出外形；排版是扁平化设计里非常重要的环节，文字和图片的结合效果在设计中极为重要。

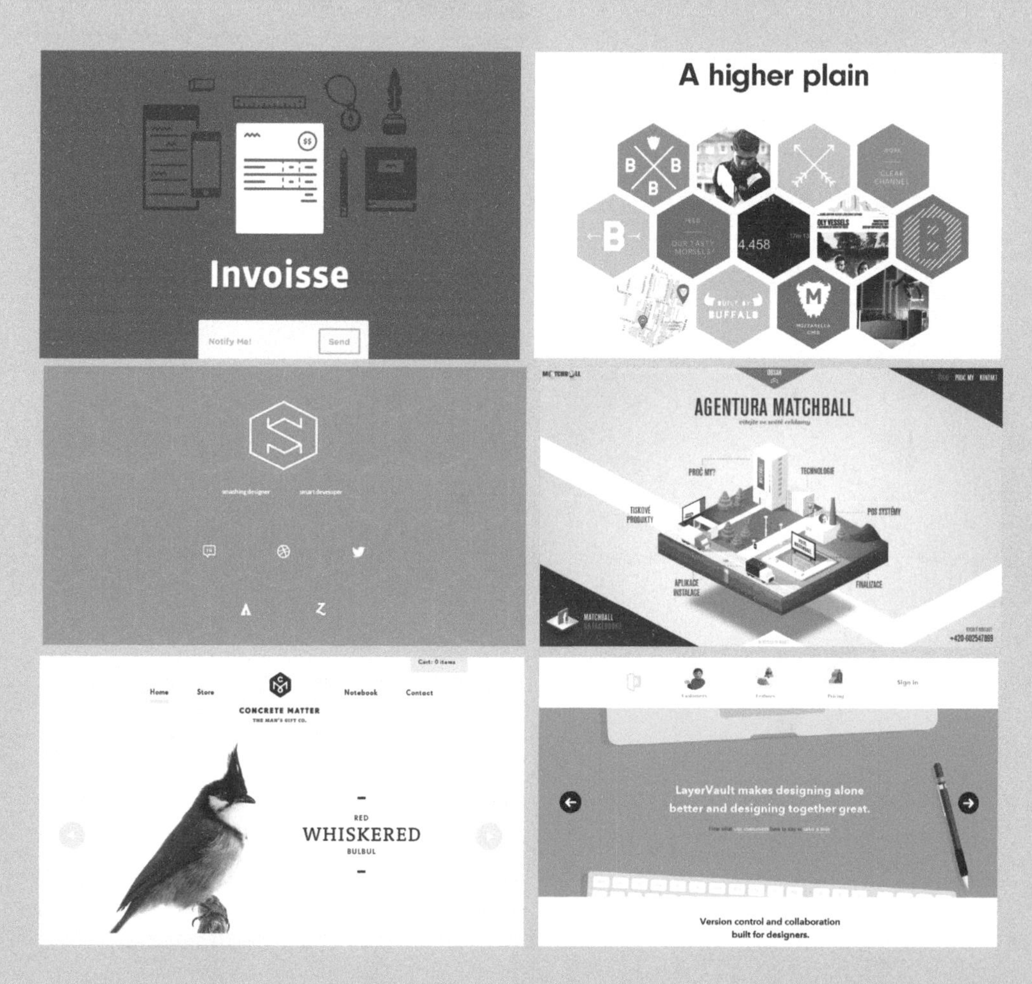

☛ 扁平化设计特征鲜明，是一种引发设计界广泛讨论的设计风格，色调鲜明，具有极强的视觉冲击力，力求简洁，去掉一切繁复的装饰，完全的二元设计，在排列上实现一种另类的视觉表达。☚

8.6.1 整洁

✎ **色彩说明：**纯色的背景让人很容易抓住视觉重点，且给人沉稳、朴实无华的视觉感受。

✍ **设计理念：**极为简单的元素赋予画面整洁的感觉，扁平化的设计将简约进行到底。

58,13,0,27
0,0,0,0
0,0,13,94

❶单色调的背景让整个画面看起来简洁、沉稳、大方。

❷画面元素简洁，没有任何繁复的装饰，这是扁平化风格最大的特点。

❸图片和文字恰当的排列不仅让人能够轻易地抓住视觉重点，而且赋予网页另类的时尚气质。

✌ **色彩延伸：**

8.6.2 简约

✎ **色彩说明：**淡雅的背景与彩色的文字搭配使网页看起来清新、活泼，视觉清晰、重点突出。

✍ **设计理念：**网页元素相对较多，但排列得体，整个画面不显繁杂反而让人感到灵动、活泼。

26,0,36,24
0,0,0,10
0,52,52,14

❶合理的色彩搭配给人明亮生动、生机勃勃的感觉。

❷图片的选择和摆放让整个画面重点突出、吸引人眼球，并快速地向人传递信息。

❸扁平化的网页设计给人时尚、简洁、活泼、灵动的感觉。

✌ **色彩延伸：**

8.6.3 动手练习——为页面选择一个合适的颜色

高明度的绿色使整个页面产生浮躁、喧哗之感，经过修改，将背景颜色改为低纯度的蓝色，整个页面显得低调、简单。

After:

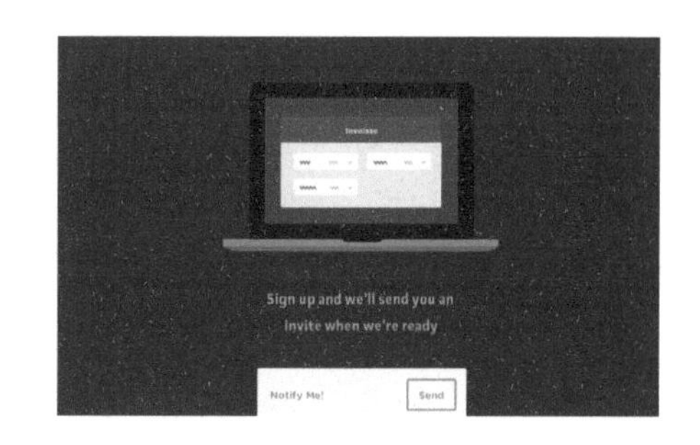

8.6.4 设计师谈——力求简约的扁平化设计

扁平化是当今设计界一个炙手可热的“明星”，这种设计风格引发了很多讨论，一部分设计师追求这种方式的表达，也有相当一部分的设计师并不喜欢这种定位模糊的设计风格。扁平化是一种力求简约的设计，配色、界面、排版等都力求简约。这种风格放弃使用一切特效，反对一切繁复装饰，以一种相对简约、概念的视觉语言来表达所要传递的信息。

8.6.5 常见色彩搭配

生机		慰藉	
雅致		贞洁	
暧昧		葱郁	
成熟		直觉	

♣ 8.7 趣味的手绘风格

手绘设计不是一种前沿的设计风格，相对于其他网页设计风格，手绘的网页数量并不多。手绘风格非常有利于展示人性色彩，辨识度独特，能够给用户带来真实感。手绘风格的网页设计相对于其他风格更加具有亲和力，这种风格的设计既可能是大规模的背景设计，也可能是图片细微处的刻画。手绘风格的设计往往能够传递出一种细腻的人文关怀，让人感觉网页不再是一种程式化的存在，而是一种人与人之间全新的沟通途径。

☛ 这是一种最具人性化的设计风格，网页不再是一种程式化的东西，人和网页间不再隔着冰冷的显示器，这种设计清晰地传递着亲切的人文关怀，让人感受到网络世界的温度。☚

8.7.1 趣味

✎ **色彩说明：** 蓝色和绿色的搭配让整个画面显得清新、活泼、富有生机，黑色的运用则很好地突出了视觉重点。

✍ **设计理念：** 手绘风格的使用让人倍感亲切，它采用一种人性化的方式阐述了网页所要表达的理念。

46,11,0,2 17,0,35,25 10,7,0,89	❶ 活泼明快的背景色使用，让整个网页的气氛轻快、富有活力。 ❷ 手绘的设计让整个网页更显亲和力和表现力。 ❸ 手绘风实现了一种个性化的情绪表达和信息传递。

✌ **色彩延伸：**

8.7.2 鲜活

✎ **色彩说明：** 黄色调的配色方案给人温暖、开朗的视觉感受，与作品中的插画相互呼应。

✍ **设计理念：** 手绘风格的使用让网页信息形成了一种相对集中的呈现，让人感到清晰完整、富有人文关怀气息。

0,0,100,0 0,35,94,0 0,61,94,3	❶ 集中型的构图方式可以使用户的视线很好地集中在版面的重心处。 ❷ 手绘让信息实现集中、清晰、立体化的呈现。 ❸ 整个网页充斥着浓浓的人文关怀气息，让人产生安定、愉悦之感。

✌ **色彩延伸：**

8.7.3 动手练习——添加插画，活跃页面气氛

在本案例中，修改之前的页面只有一些简单的装饰，相对于页面显得过于单调。经过修改，在页面中适当地添加了低纯度的插画，不仅丰富了页面内容，还装点了整个版面。

Before:

After:

8.7.4 设计师谈——富有亲和力的手绘风

手绘能够更多地表现出亲和力，让人没有距离感。在网页设计中使用手绘风格进行设计能够最大限度地降低人的距离感，让人们感受到善意和亲切，从而使网页设计者和网页浏览者之间实现更为有效的沟通，这一点对网页设计者是非常重要的。

8.7.5 常见色彩搭配

坦率		昂扬	
欢乐		清冽	
乐趣		心绪	
沁香		炫彩	

♣ 8.8　抽象的网页设计

抽象作为一种个性化的艺术表达方式，往往可通过对现实生活的精炼，表达出某种情绪。抽象风格的网页是比较常见的，这种风格的网页往往能够给人个性化、艺术化的感觉，并且带来奇幻的艺术享受，让人印象深刻。这种设计风格的网页常常会让人产生主动探究的欲望，这种猎奇心理驱使人们去观察、去思考网页中所表达出的信息，这对于实现网页设计的初衷是非常重要的。

☛ 抽象是一种极具个性化的艺术表达方式，实现了生活、艺术、个性的完美融合。绚丽、简约、精炼等都可以是它的形容词，但却没有任何一个词，能给它最贴切地形容，也许，这就是它的魅力所在，让人永远无法剖析和掌控。☚

8.8.1 精炼

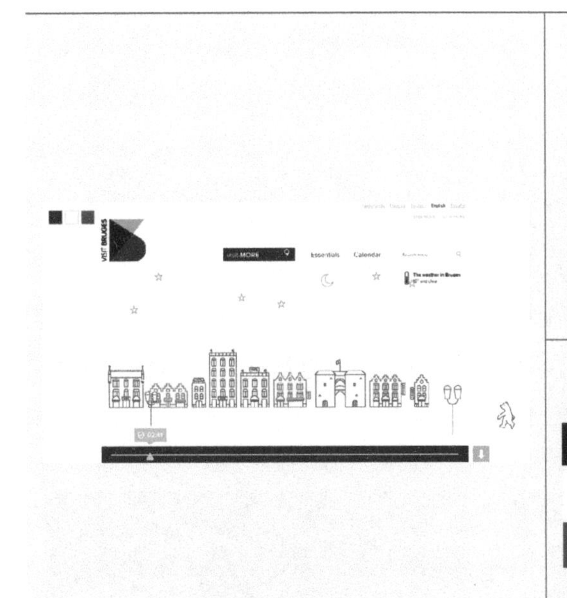

✎ **色彩说明：**白色的背景让人的视觉自然而然地产生上移，使得人很快抓住画面中的重点。黑色的搭配将网页所要表达的重点信息清晰地呈现出来。

✍ **设计理念：**抽象风格的设计常常会显得极其简约，网页将所要表达的理念精炼在图片中，极尽简约。

0,0,0,94
0,0,2,0
95,66,0,0

❶经典的黑白搭配让网页形成一种素雅、简约的风格。
❷抽象化的设计将网页所要表达的信息、呈现的理念凝聚在看似简单的图片中。
❸网页抽象风格的设计表现出一种亲切、和美的情绪。

✌ **色彩延伸：**

8.8.2 情绪

✎ **色彩说明：**无彩色和暖色调的搭配让页面显得极富个性，给人以清晰、明确的视觉印象。

✍ **设计理念：**抽象的设计风格呈现出网站设计者所要表达的温馨、宁静的情绪。

0,18,36,80
0,9,19,6
0,83,46,8

❶相对丰富的色彩搭配让整个页面具有鲜明的层次感。
❷文字与背景图的巧妙结合形成一种个性的、富有韵味的表达。
❸抽象的设计风格表达出一种追求温馨、平和、品质的情绪。

✌ **色彩延伸：**

8.8.3 动手练习——使网页风格更加简约

网页采用淡紫色的背景，给人淡雅、神秘的感觉，但少了一分简约，自己动手调整下吧，看能否使网页看起来风格更加简约、通透。

Before:

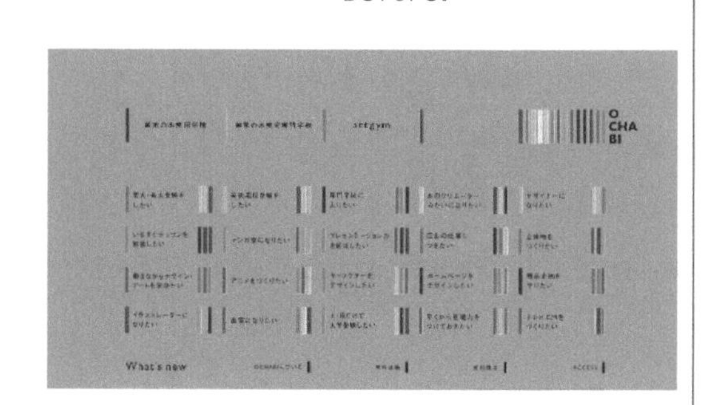

After:

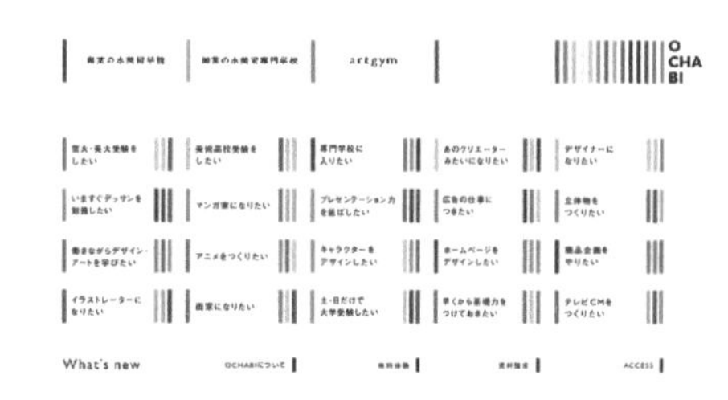

8.8.4 设计师谈——抽象风是情绪的精炼

网络往往给人一种程式化、冰冷、缺乏人情味的印象。这种固有印象常常会影响网页设计者和网页浏览者的沟通和信息传递。抽象风格的网页能够准确、精炼、直接地将网页设计者所要表达的情绪传递出去，这在很大程度上改善了一些网页浏览者对网络的固有印象，有利于最大限度地发挥网页的功能和作用。

8.8.5 常见色彩搭配

坦然		干练	
情感		丰腴	
热烈		思恋	
精妙		灵秀	

♣8.9 怀旧的复古风格

复古风格是一种极为吸引人眼球的设计风格。在花样繁多的各类网页设计中，怀旧的复古风设计往往能展现出自己独特的魅力。复古风格的魅力在于它的历史感，这种风格往往体现出某种情结，是一种特殊的情感表达方式。复古风格的特点主要是颜色的纯度较低，这种设计主打情感牌，重在以情动人，在设计中往往会表达出对某些过去美好记忆的纪念和敬意，引发人们的情感共鸣。

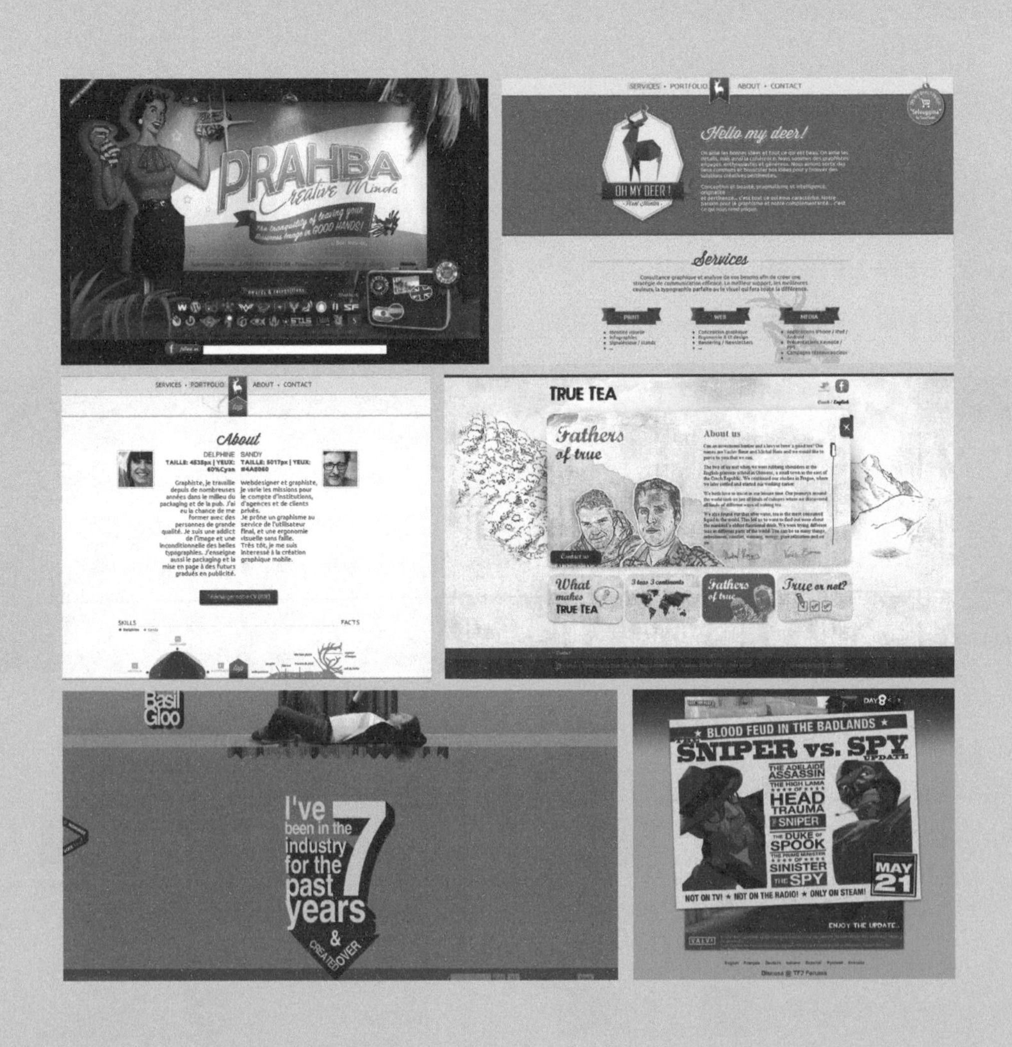

☛ 这是一种足够吸引人眼球的设计风格，能够给人以厚重感，具有深刻的内涵，常常是一种对过去美好记忆的纪念和敬意，往往能够引发人们强烈的情感共鸣。☚

8.9.1 回忆

✎ **色彩说明：** 背景颜色的搭配让画面整体富有厚重感，渲染了整体的怀旧复古氛围。

✍ **设计理念：** 网页整体营造出浓浓的怀旧复古风，富有历史感，容易让人产生情感上的共鸣。

0,3,13,7
0,43,71,81
0,11,54,56

❶ 复古风的设计本身就具有极大的吸引力，能够吸引人的眼球。

❷ 恰当的图文搭配将网页所要讲述的故事娓娓道来。

❸ 整个网页的设计处处体现出怀旧情结，能够触动人们一些特定的回忆。

✌ **色彩延伸：**

8.9.2 浓厚

✎ **色彩说明：** 橘红色背景的运用给整个画面营造出热情、活力的氛围。

✍ **设计理念：** 复古与简约的结合让网页在具有怀旧氛围的同时，体现出简洁和庄重。

0,66,96,22
0,0,0,0
0,0,0,98

❶ 橘红色与黑、白的搭配突出了视觉重点，使整个画面显得层次清晰。

❷ 文字排列整齐且突出特色，很好地呼应了整体的复古风格。

❸ 复古与简约的结合让网页的气氛与内容相呼应。

✌ **色彩延伸：** 

8.9.3 动手练习——使网页视觉重点突出

网页中红色的搭配虽然让人视觉鲜明，但却破坏了网页整体的怀旧复古风，自己动手调整一下吧，看能否在网页保持怀旧复古风的同时，突出视觉重点，并摒弃过多的束缚。

Before:

After:

8.9.4 设计师谈——复古风的融情

复古风除了整体设计与众不同外，其最吸引人的地方就是它的“浓情”。复古风所体现的是一种怀旧，所怀念的这个“旧”有很多文章可以做，这个“旧”可以是过去的某个时间段，可以是现实中我们曾经经过的，也可以是一个距离现实很遥远的某个时间。这个“旧”往往或是能勾起人们的某些回忆，或是能勾起人对某些特定历史时期的某种情结。总之，复古风的设计尤其重要的就是要“以情动人”，以低纯度的色彩搭配，表现复古的情感。

8.9.5 常见色彩搭配

稚气		娇羞	
牵挂		情怀	
平和		婴孩	
儒雅		青春	

第9章

综合版式配色

Part Nine

Zong He Ban Shi Pei Se

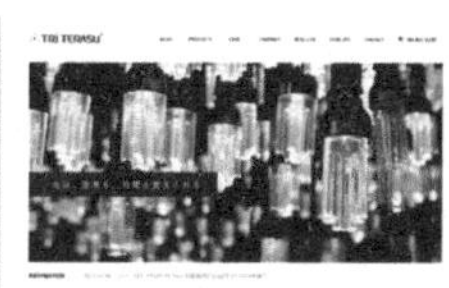

9.1 儿童主题网页

9.1.1 项目分析

网页类型：儿童主题网页。

配色分析：暖色调配色方案。

0,0,0,8	0,80,84,9	0,16,99,1	0,25,100,1	0,68,95,0

9.1.2 案例分析

❶ 儿童主题网页通常会采用颜色鲜艳、色彩纯度较高的颜色，在本案例中，作为高明度色彩基调，暖色调的配色方案给人一种温馨、开朗的视觉感受。

❷ 作品采用类似色的配色方案，给人一种统一、和谐的视觉印象。

❸ 在该页面中，弧线形的页面风格给人一种流动感，使人能够感觉到页面所传递的活跃、开朗的气氛。

9.1.3 版式分析

（1）居中型 居中型的布局方式是将页面中的多种元素居中摆放，这样的构图方式在网页布局中是很常见的。通过本案例我们可以看出，居中型的布局方式给人一种条理清晰、页面整洁的视觉效果。

（2）简约型 将背景去除，只留下版面中有用的内容，这样去繁就简的处理方式给人一种简约的视觉印象。

（3）空间型 将前景与背景拉开距离，可以使页面产生空间感，使前景中的内容更具有吸引力。

9.1.4 配色方案

（1）明度对比

—— 低明度 ——

✤ 降低了页面的明度，使整体少了儿童网站本该有的活泼天真。

—— 高明度 ——

✤ 调高了页面的明度，高纯度的黄色给人一种温暖、欢乐的视觉印象。

（2）纯度对比

—— 低纯度 ——

✤ 降低了背景的纯度，使整个页面变得模糊、不清晰，与网站的主题不符。

—— 高纯度 ——

✤ 增加了背景的纯度，页面整体的饱和度都提高了，使页面气氛活跃、欢快。

（3）色相对比

—— 紫色调 ——

✤ 将背景颜色更改为紫色调，由于背景颜色纯度过高，给人一种浮躁、夸张的视觉感受。

—— 洋红色调 ——

✤ 将背景颜色更改为洋红色调，洋红色与白色的搭配使整个页面显得单纯、优雅，充满女性色彩。

（4）面积对比

—— 邻近色的大面积使用 ——	—— 互补色的大面积使用 ——

✤ 将前景也改为黄色，这样邻近色的配色方案使前景不够突出。	✤ 互补色的配色原理应用在该案例中，使页面过分强调色彩关系，导致页面视觉过于刺激。

（5）色彩延伸

—— 红色调 ——	—— 橘红色调 ——

✤ 红色是活泼、喜悦的颜色，若在本案例中使用红色调的配色方案，也可以突出网页的主题。	✤ 更改了页面的背景，橘红色调的背景颜色，鲜艳、饱满，富有活力。

9.1.5 佳作欣赏

	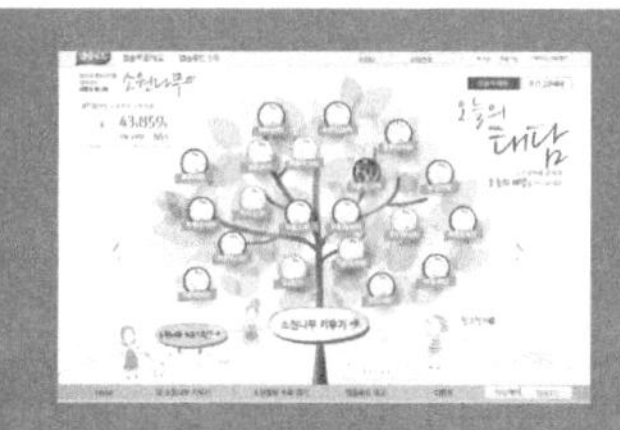	
✤ 插画类型的网页设计符合儿童类型网站的主题。	✤ 粉色调的配色方案给人一种柔软、温和之感。	✤ 暖色调的配色方案和互补色的配色原理，再加上插画艺术，整个页面配色与风格都紧扣儿童网站的主题。

♣9.2 自然主题网页

9.2.1 项目分析

网页类型：自然主题网页。

配色分析：中明度色彩基调。

70,17,0,57	20,0,6,17	8,0,98,16	0,15,33,29	0,30,70,73

9.2.2 案例分析

❶ 作品为中明度色彩基调，褐色调是视觉的重心，利用颜色的明暗对比将视觉重心突显出来。颜色分为四大部分，从上到下依次为白色、蓝色、褐色、浅咖啡色。

❷ 作品通过不规则曲线进行版面的分割，给人一种自然、活跃的感受。

❸ 在页面中，主要内容规整排放，给人一种规整、有序的视觉感受。整个界面张弛有度、层次分明。

9.2.3 版式分析

（1）分割型 页面通过颜色区分各个模块，给人一种条理清晰的视觉感受。

（2）简约型 利用大图作为背景，去掉繁杂的装饰，使整个页面呈现出一种简约、简单的感觉。这样的设计在给人简约印象的同时，还方便公众的使用。但是略显漂浮感，缺少一丝稳重。

（3）空间型 半透明底色的添加，增加了页面的空间感。由于底色是半透明的，还可以增加页面的通透感，不至于让人觉得沉闷。

9.2.4 配色方案

（1）明度对比

低明度

✤ 将整个页面的明度降低以后，整体的色彩感觉更加沉稳，识别性也随着增强了。

高明度

✤ 将整个页面的明度调高，暖色调的配色方案给人一种浮躁、活跃张扬的感觉。

（2）纯度对比

低纯度

✤ 将整体颜色纯度降低以后，页面呈现了一种模糊、层次不清晰的视觉感受。

高纯度

✤ 增加整体颜色纯度以后，页面颜色过于饱和，使整个页面出现了过于刺激的视觉感受。

（3）色相对比

深红色调

✤ 将整个页面更改为深红色调，这样的色调与网站的主题不相符。

绿色调

✤ 将作品更改为绿色调、邻近色的配色方案。由于颜色区分不大，导致整个页面条理不清晰。

（4）面积对比

—— 邻近色的大面积使用 ——	—— 类似色的大面积使用 ——

✤ 整个页面更改为邻近色，使页面颜色统一。但是由于背景与前景的颜色太过相近，导致主体不够突出，为用户的使用造成麻烦。	✤ 蓝色与青色为类似色，将整个页面更改为类似色的配色方案给人色彩统一的感觉。

（5）色彩延伸

—— 橘红色调 ——	—— 黄绿色调 ——

✤ 将网站的色调改为橘红色调，整个页面风格为暖色调，与网站的风格相统一。	✤ 黄绿色调的配色方案给人一种清新、自然的视觉感受。

9.2.5 佳作欣赏

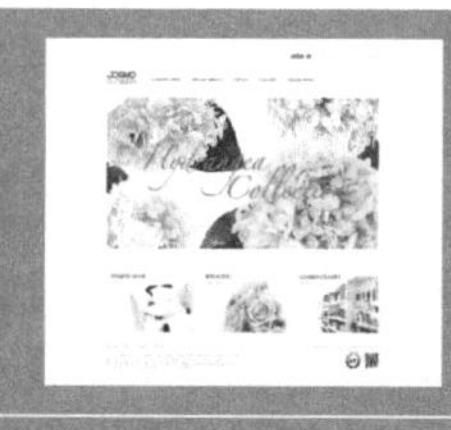		
✤ 网页以白色为背景，整个页面风格干净、清爽，让人沉醉。	✤ 高明度、高纯度的配色方案给人一种鲜明、纯粹的视觉印象。	✤ 作品以森林为背景，绿色调的主体颜色给人清爽、自然的感觉，与网页的主体相吻合。

♣9.3　科技类网页

9.3.1　项目分析

网页类型：科技类网页。

配色分析：邻近色的配色方案。

92,47,0,57	99,11,0,16	81,21,0,48	10,5,0,19	17,6,0,79

9.3.2　案例分析

❶ 蓝色给人一种科技、高端的感觉，在本案例中，以蓝色为主色调就充分体现了蓝色的这一特点。

❷ 页面内容丰富，细节完整。整个页面的识别性强。

❸ 作品居中型的构图方式给人一种集中感，使人在浏览网页时视线更加集中。

9.3.3 版式分析

（1）整齐型 作品构图严谨，图文并茂，在大量文字中使用到装饰图案和各种图标。整个版面条理清晰，方便用户的使用。

（2）简约型 通过巧妙的布局方式，将整个页面分为上下两个部分。将页面内容进行简化，可以使页面内容更加简洁、单纯，方便用户迅速找到所需要的内容。

（3）精简型 将页面内容进行精简，将主要的内容保留，去掉繁杂的内容，可以使用户在浏览网页时快速、全面地了解信息。

9.3.4 配色方案

（1）明度对比

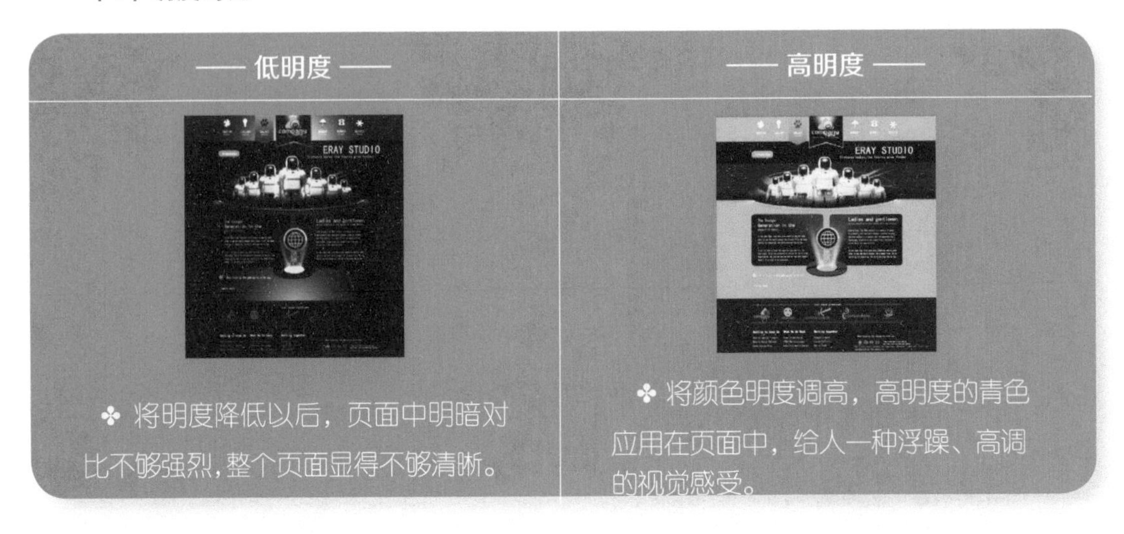

—— 低明度 ——
ERAY STUDIO
✤ 将明度降低以后，页面中明暗对比不够强烈，整个页面显得不够清晰。
—— 高明度 ——
ERAY STUDIO
✤ 将颜色明度调高，高明度的青色应用在页面中，给人一种浮躁、高调的视觉感受。

（2）纯度对比

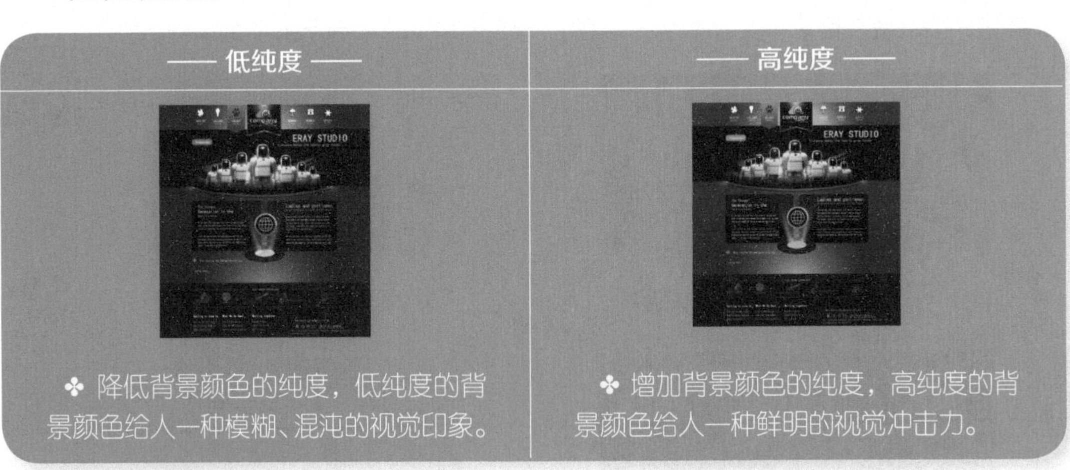

—— 低纯度 ——
ERAY STUDIO
✤ 降低背景颜色的纯度，低纯度的背景颜色给人一种模糊、混沌的视觉印象。
—— 高纯度 ——
ERAY STUDIO
✤ 增加背景颜色的纯度，高纯度的背景颜色给人一种鲜明的视觉冲击力。

（3）色相对比

—— 紫红色调 ——
ERAY STUDIO
✤ 紫色与黑色相结合的页面，给人留下神秘、梦幻的视觉印象。
—— 红色调 ——
ERAY STUDIO
✤ 红色通常给人一种张扬、热情的视觉感受。通过红色明度的不断变化，为页面增加了另外一种韵味。

（4）面积对比

—— 类似色的大面积使用 ——	—— 辅助色的大面积使用 ——

✤ 黑白灰是最经典的色彩搭配，在本案例中，类似色的配色方案使整个页面变得混沌、模糊，没有主次。	✤ 以洋红色为辅助色，黑色与洋红的搭配使整个页面充满女性色彩。

（5）色彩延伸

—— 黄色调 ——	—— 蓝色调 ——
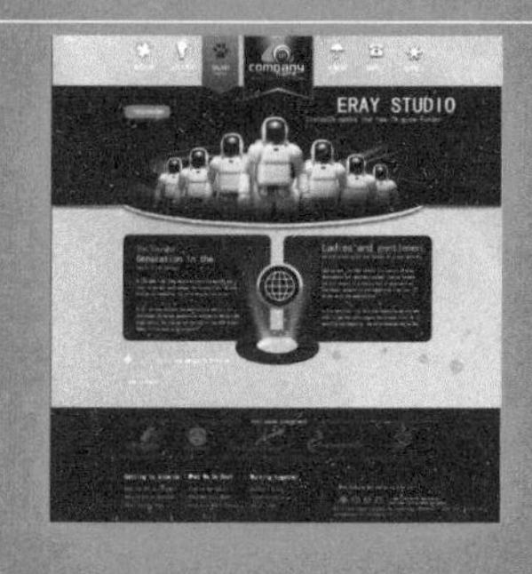	
✤ 以黄色为主色调，整个页面的明暗对比强烈、非常跳跃。	✤ 添加一个带有空间感的背景图片，可以将页面中前景与背景的空间进行拉伸，增加页面的空间感。

9.3.5 佳作欣赏

	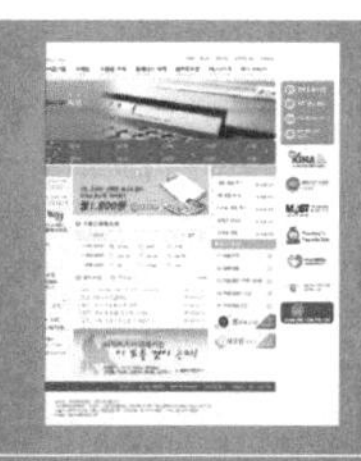	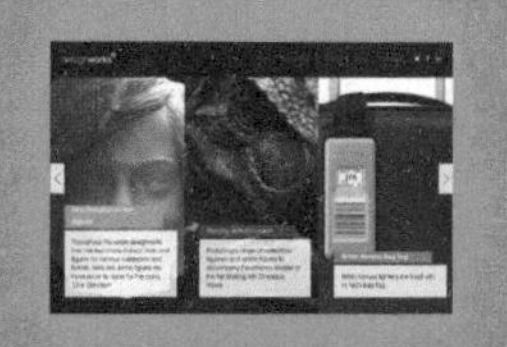
✤ 作品为高明度色彩基调，高明度的灰色，给人一种低调的感觉。	✤ 页面内容丰富，在白色背景的映衬下，显得简洁、规整。	✤ 在科技类网页中，深色调的配色方案可以给人一种低调、品味的视觉感受。

9.4 商务风格网页

9.4.1 项目分析

网页类型：商务风格网页。

配色分析：中明度色彩基调。

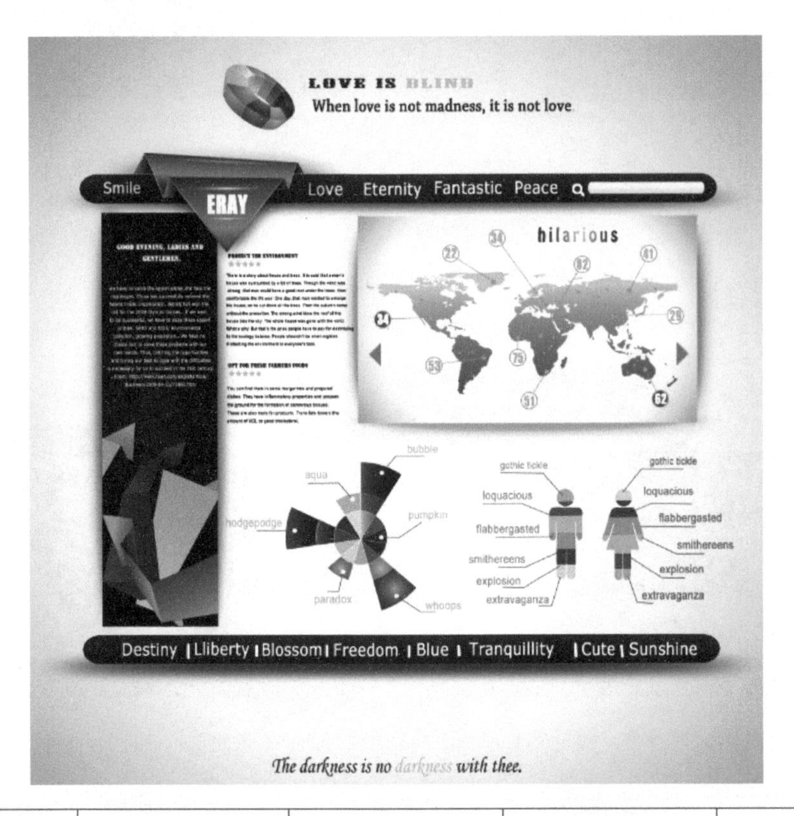

0,0,0,80	0,0,0,30	89,34,0,53	0,82,48,23	0,22,90,2

9.4.2 案例分析

❶ 作品为灰色调的配色方案，中明度的配色方案给人一种温和、低调的视觉感受。页面中，灰色与黑色的对比使整个页面层次分明。

❷ 集中型的布局方式将页面中的主要内容集中在一处，利用紧凑的布局方式给人一种集中感，在用户浏览网页时能够更好地集中精神。

❸ 作品中，在页面四周进行留白处理，利用这样的留白使页面的内容更加集中。

9.4.3 版式分析

（1）空间型 在本案例中，将页面中的内容集中排列，规整的布局方式，可以使用户更方便地浏览网页。页面图文并茂，经过图标的分析，文字的说服力更强了。

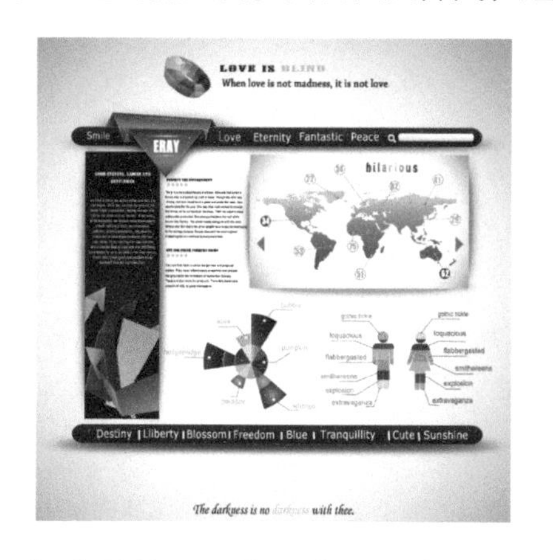

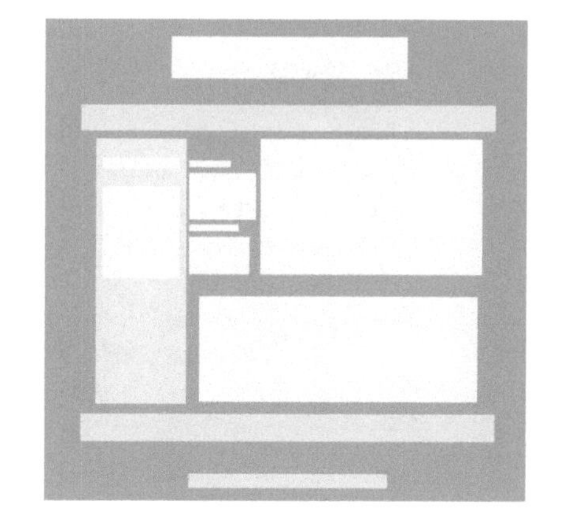

（2）简约型 作品中，去掉繁杂的内容，只保留主要的图案和文字信息，这样的布局方式简洁、直观。在这样一个“读图时代”里，简约型的布局方式也是时代的主流。

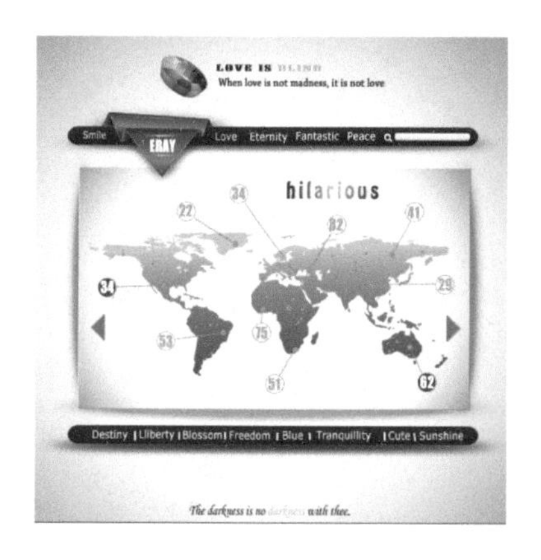

（3）紧凑型 将版面中所有内容集中在一个大的模块中，然后再进行细分，这样的布局方式可以增加页面的空间感，使整个页面布局连贯、清晰，内容饱满、丰富。

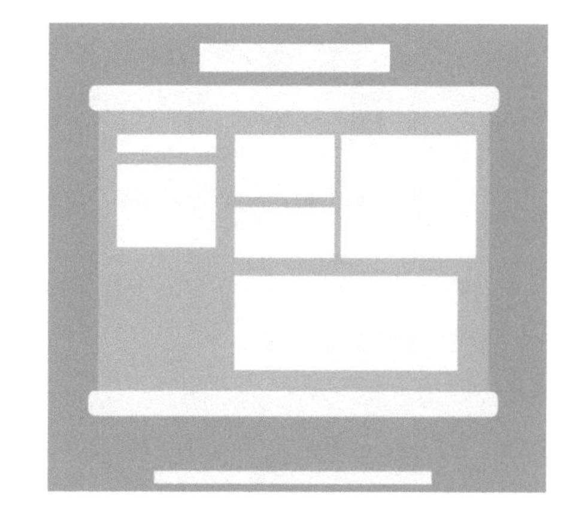

9.4.4 配色方案

（1）明度对比

—— 低明度 ——	—— 高明度 ——

✤ 降低了整个页面的明度，画面变得模糊不清，文字的识别性也被减弱了。	✤ 将整个页面明度提高，前景的颜色与背景的颜色过于相近，画面明度缺少深色，导致页面层次不清晰。

（2）纯度对比

—— 低纯度 ——	—— 高纯度 ——

✤ 在原图中，作品采用灰色调的配色原理，若降低点缀色的颜色，将导致整个页面没有颜色对比，画面缺少生气。	✤ 将颜色纯度调高后，页面中的有彩色与灰色的对比过于强烈，有彩色的颜色过于抢眼，会导致用户在浏览时不舒服，眼睛不愿意长时间停留在这种网页上。

（3）色相对比

—— 青色调 ——	—— 洋红色调 ——

✤ 青色通常给人一种清爽、干净、单纯的视觉印象，青色与黑色的搭配，使整个页面效果过于浮躁，不适合应用在本案例中。	✤ 洋红色是比较感性的颜色，多用于女性主题的网站或作为点缀色，大面的洋红应用在商务主题的网页中，与网站的主题不相符。

（4）面积对比

—— 类似色的大面积使用 ——	—— 邻近色的大面积使用 ——

✤ 商务类型的网页设计中，使用蓝色为背景，以青色为点缀色，这样的配色方案给人一种色彩统一，又富有变化的视觉印象。	✤ 以黑色为主色调，可以给人一种低调、大气的视觉印象。

（5）色彩延伸

—— 黄色调 ——	—— 黑色系 ——
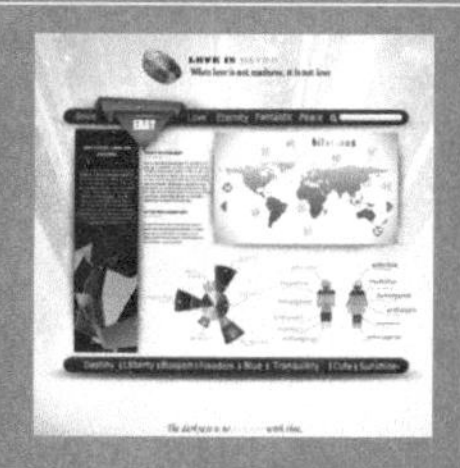	
✤ 将页面的主色调更改为黄色调，暖色调的配色方案使整个画面产生舒缓、温和的视觉印象。	✤ 在商务类型的网页中，以黑色为主色调，利用黑色将彩色突显出来，使画面颜色变化丰富。

9.4.5 佳作欣赏

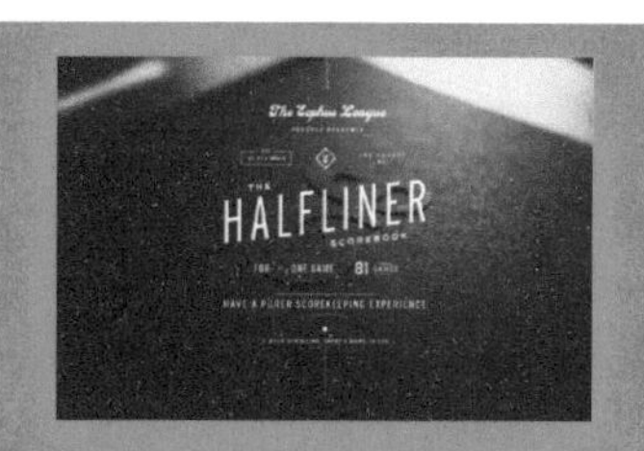

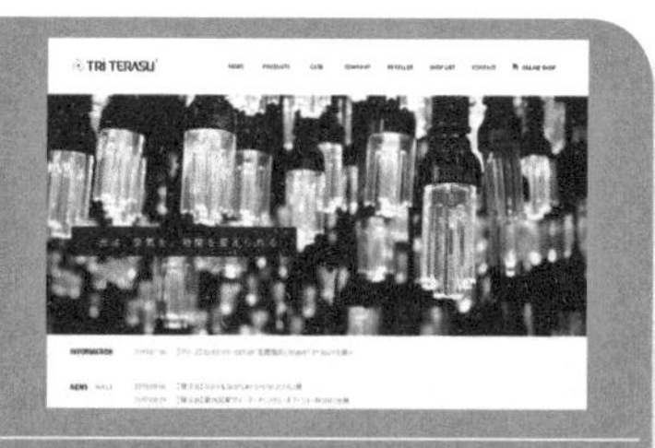

✤ 低纯度的配色方案应用在商务类型的网页中，总是会给人一种高端、低调的视觉感受。

✤ 在作品中，使用大图作为网页的背景，并将图加以虚化，使得前景中的文字能够完美地展现出来。

✤ 作品以白色为页眉、页脚的颜色，以大图为视觉重心，这样的设计使整个页面舒展、大气，耐人回味。